纺织新技术书库

U0150926

柞蚕丝胶蛋白在纺织纤维材料中的应用

李 佳 著

中国纺织出版社有限公司

内 容 提 要

本书系统介绍了柞蚕丝胶蛋白的结构、性质、提取工艺及应用范围。详细论述了以丝胶蛋白为主要原材料的智能功能性微纳米纤维材料的制备工艺及其在智能改性纺织品中的应用,主要内容包括柞蚕丝胶蛋白的提取及其性能分析,以及具有温敏响应性、远红外负离子化、抗菌性等功能的柞蚕丝胶蛋白基微纳米纤维的研制和相关纺织品的智能改性。

本书可供纺织、轻化、功能材料及相关领域的科研人员、工程技术人员阅读,也可供高等院校相关专业的师生参考。

图书在版编目(CIP)数据

柞蚕丝胶蛋白在纺织纤维材料中的应用 / 李佳著
. -- 北京:中国纺织出版社有限公司,2022.7
(纺织新技术书库)
ISBN 978-7-5180-9641-1

Ⅰ. ①柞… Ⅱ. ①李… Ⅲ. ①柞蚕丝-胶原蛋白-应用-纺织纤维-研究 Ⅳ. ① TS102

中国版本图书馆 CIP 数据核字(2022)第 112096 号

责任编辑:孔会云 陈怡晓 责任校对:王蕙莹
责任印制:王艳丽

中国纺织出版社有限公司出版发行
地址:北京市朝阳区百子湾东里 A407 号楼 邮政编码:100124
销售电话:010—67004422 传真:010—87155801
http://www.c-textilep.com
中国纺织出版社天猫旗舰店
官方微博 http://weibo.com/2119887771
唐山玺诚印务有限公司印刷 各地新华书店经销
2022 年 7 月第 1 版第 1 次印刷
开本:710×1000 1/16 印张:8.75
字数:146 千字 定价:88.00 元

前　言

　　天然柞蚕丝胶蛋白是一种来源广泛、绿色、性能优良、生物相容性好的可再生材料，但其目前仍缺乏高附加值的应用基础研究，特别是天然蛋白质纤维产品的废弃物以及加工天然蛋白质纤维所产生的下脚料已经对环境造成了严重的影响，急需开发一种天然柞蚕丝胶蛋白的高附加值应用理论和技术体系，实现优质可再生资源的广泛应用。

　　作者多年来以柞蚕丝胶蛋白为主要原材料，通过静电纺丝技术、微流控纺丝技术等，设计制备具有温敏性、抗菌性、远红外负离子化等功能性丝胶蛋白基纺织纤维新材料。通过系统研究，积累了大量的试验数据，在此基础上，对柞蚕丝胶蛋白的提取技术、各种功能性丝胶蛋白基微纳米纤维材料制备工艺及性能以及在纺织品功能整理方面的应用等进行了系统梳理，整合并整理出版本书，希望为从事纺织、轻化工程、智能功能材料及相关领域的专业人士的科学研究和开发工作提供参考。

　　本书主要包括以下7个方面内容。

　　（1）介绍了柞蚕丝胶蛋白的结构、性质和提取技术，探究了柞蚕丝胶蛋白纤维制备技术以及应用。

　　（2）探究了柞蚕丝胶蛋白提取技术，并对其进行性能分析。研究了柞蚕丝胶蛋白提取工艺对柞蚕丝胶蛋白提取率的影响，并通过胭脂红检测、氨基酸组成分析、圆二色谱、红外光谱、热性能等测试方法对柞蚕丝胶蛋白的大分子结构、热稳定性等进行分析。

　　（3）生物交联法丝胶蛋白基纳米纤维膜的性能研究。研究了生物交联法丝胶蛋白基纳米纤维制备工艺，考察了丝胶蛋白含量、复配比例以及生物酶含量对丝胶蛋白基纳米纤维形态的影响。

　　（4）温敏响应性丝胶蛋白基纳米纤维制备及智能改性纺织品研究。研究了温敏响应性丝胶蛋白基纳米纤维制备工艺，并将上述纳米纤维用于纺织品的智能功能改性，考察了温敏响应性高分子材料的合成机理、丝胶蛋白含量、静电纺丝技术中外加电压对温敏响应性纳米纤维形态的影响。除此之外，还探讨了不同温敏响应性纳米纤维对棉织物以及柞蚕丝织物功能整理的纺织品性能影响。通过接触角测试、热性能分析等测试方法对温敏响应性纤维以及智能改性纺织品的温敏响应性、热稳定性等进行分析。

（5）远红外负离子化丝胶蛋白基纳米纤维的制备及其在纺织品中的应用。研究了远红外负离子化丝胶蛋白基纳米纤维制备工艺并对其制备的纺织品进行功能整理。考察了远红外负离子含量、丝胶蛋白含量、聚环氧乙烷含量对丝胶蛋白基纳米纤维形态的影响，并通过扫描电镜、织物负离子化功能检测仪、红外光谱仪等测试纳米纤维形貌、功能化织物的表观形貌、远红外负离子化性能以及微观大分子结构等。

（6）抗菌性丝胶蛋白基纳米纤维制备及抗菌性能研究。研究了抗菌性丝胶蛋白基纳米纤维制备工艺，考察了抗菌剂浓度、静电纺丝外加电压对纳米纤维形态的影响，并通过粒径分析仪、抗菌性能测试等对抗菌性丝胶蛋白基纳米纤维进行测试。

（7）温敏响应性丝胶蛋白基皮芯微纳米纤维制备及表征。研究了温敏响应性丝胶蛋白基皮芯微纳米纤维微流控纺丝技术制备工艺，考察了不同复配比例、注射速率、PNIPAAm含量对纳米纤维形态的影响。

本书的研究和编写得到了辽东学院化工与机械学院、辽宁省功能纺织材料重点实验室的大力支持，特别感谢辽东学院化工与机械学院路艳华教授、程德红教授、林杰副教授的支持和指导，同时要感谢辽东学院化工与机械学院郝旭、王勃翔等教师和轻化工程专业李瑞林、吕聪颖、赵国洪、薛新宇等同学的支持和帮助。

本书的出版得到辽宁省功能纺织材料重点实验室、辽东学院专业硕士点建设、国家自然基金（NO.51873084）等的大力支持。此外，编写过程中参考了大量有关柞蚕丝胶蛋白、生物交联技术、温敏响应性高分子材料等方面的文献资料，衷心感谢各位同仁所做的工作。

由于作者水平有限，书中难免存在疏漏和不妥之处，敬请同行和专家批评指正。

李佳

2022 年 5 月

目 录

第一章　绪论

蚕丝业起源于中国，具有悠久的历史。特别是柞蚕，是我国特有的野生资源之一，辽宁省作为柞蚕丝产量最大的省份，约占全国总产量的 70%，其中 70% 的丝绸产自丹东。丹东是世界上著名的柞蚕之乡，全市有面积 320 万亩柞蚕场，其中人工蚕场面积 35 万亩，占全市有林面积的 24%。

近年来，由于柞蚕生产技术的快速发展，柞蚕的综合利用价值逐渐引起人们的重视，从大分子的柞蚕丝成品、柞蚕丝素蛋白、柞蚕丝胶蛋白到小分子的柞蚕素、白细胞介素、抗菌肽、干扰素等高科技产品，以及医疗、保健用品等，为传统的柞蚕生产提供了巨大的市场潜力和发展前景。柞蚕丝胶蛋白作为重要的野生天然蛋白质材料，受到研究者们的广泛关注，丝胶蛋白具有良好的生物相容性、低免疫性和生物降解性，逐渐成为新型天然材料的研究热点。本章主要介绍柞蚕丝胶蛋白的结构和性质、柞蚕丝胶蛋白的提取技术、柞蚕丝胶蛋白纤维制备技术以及柞蚕丝胶蛋白应用。

第一节　柞蚕丝胶蛋白的结构和性质

一、柞蚕丝胶蛋白的结构

蚕丝主要由内层丝素蛋白和外层丝胶蛋白两部分组成，除此之外，还有少量的脂肪、色素和无机盐类等杂质。丝胶蛋白作为柞蚕丝的重要组分之一，占柞蚕丝总量的 12% ～ 14%。柞蚕丝胶蛋白是由 18 种氨基酸通过肽键构成的天然高分子化合物，分子中各种氨基酸通过肽键和二硫键按照一定顺序构成，形成丝胶蛋白一级结构[1]。丝胶蛋白同一多肽链中氨基和酰基之间形成肽键和氢键，在肽键和氢键的作用下，丝胶蛋白多肽链按照一定的规则构象，如 $\alpha-$ 螺旋结构、$\beta-$ 转角结构和 $\beta-$ 折叠结构等，形成丝胶蛋白二级构象。柞蚕丝胶蛋白中二级结构主要由无规卷曲结构、$\alpha-$ 螺旋结构、$\beta-$ 转角结构和 $\beta-$ 折叠结构四种结构组成，柞蚕丝胶蛋白主要以无规卷曲结构为主，只含有小部分 $\beta-$ 折叠结构，几乎不含 $\alpha-$ 螺旋结构，如图 1-1 所示。

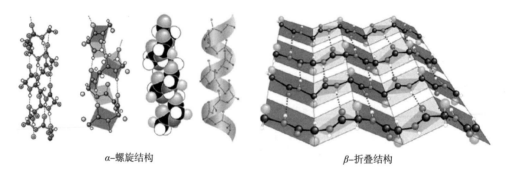

α-螺旋结构   β-折叠结构

图 1-1　柞蚕丝胶蛋白结构

二、柞蚕丝胶蛋白的性质

柞蚕丝胶蛋白由 18 种氨基酸组成，其中丝氨酸、天门冬氨酸、苏氨酸和甘氨酸含量相对较高，分别可达到 23.49%、17.72%、15.26% 和 12.53%。丝胶蛋白具有独特的蛋白质特性。柞蚕丝胶蛋白性质主要由丝胶蛋白所处的温度、pH 等外界环境，以及分子量、降解产物等决定。柞蚕丝胶蛋白具体性质如下。

（一）基本性质

1. 两性性质

柞蚕丝胶蛋白富含大量的羧基（—COOH）和氨基（—NH₂），可与氢离子（H⁺）或者氢氧根离子（OH⁻）相结合，因此可呈现出两性性质。当蛋白质上结合的氢离子和氢氧根离子达到平衡时，蛋白质上的净电荷为零，呈电中性，此时溶液的 pH 即为该蛋白质的等电点（pI，isoelectric point）。丝胶蛋白的等电点（pI）为 3.8 ~ 4.5，当外界溶液中 pH 小于两性离子的 pI 时，丝胶蛋白以正离子形式存在；当外界溶液中 pH 大于两性离子的 pI 时，丝胶蛋白以负离子形式存在；当外界溶液中 pH 等于两性离子的 pI 时，丝胶蛋白在溶液中溶解度最小。这也充分体现了丝胶蛋白质的两性性质。

2. 水溶性

丝胶蛋白是一种水溶性球状蛋白，这是由于丝胶蛋白中富含极性基团如—OH、—NH₂、—COOH 等，经过多肽链紧密折叠后，疏水性氨基酸侧链位于分子内部，亲水性氨基酸侧链位于分子外部，为丝胶蛋白的溶水性提供先天条件。除了丝胶蛋白的结构对其水溶性有很大影响外，丝胶蛋白的分子量对其水溶性也有很大的影响。当丝胶蛋白分子量较小时，丝胶蛋白可在冷水中直接溶解；当丝胶蛋白分子量较高时，丝胶蛋白可在热水中溶解。因此，调控丝胶蛋白的分子量是解决丝胶蛋白水溶性的关键因素。

3. 胶体性质

胶体是一种均匀混合物，分散质粒子直径一般在 1 ～ 100nm 的分散系。丝胶蛋白属于天然生物高分子材料，具有较高的分子量，颗粒大小一般在 1～ 100nm，属于胶体粒子直径范围，所以丝胶蛋白溶液能够发生丁达尔现象，产生凝聚、电泳、渗析以及吸附性等胶体溶液的特性。

4. 蛋白质变性

蛋白质变性主要受化学或物理因素（如强酸、强碱等化学方法以及加热、紫外线照射、剧烈振荡或搅拌等物理方法）的影响，分子内部原始特定构象发生变化，最终导致蛋白质性质和功能部分或全部丧失。丝胶蛋白的变性主要发生在分子构象二级结构上，共价键等一级结构上并未发生改变。丝胶蛋白在温度、pH和有机溶剂等外界因素刺激下，物理性质、化学性质以及生物活性发生改变，例如，溶解度降低造成蛋白质沉淀，酶、激素以及血红蛋白载氧能力等生物学功能丧失等，这也大大影响了丝胶蛋白的使用价值。

5. 生物相容性

柞蚕丝胶蛋白是由柞蚕丝腺分泌合成出来[2]，源于天然生物体，无生理毒性，具有良好的可降解性和生物相容性[3]，可与哺乳动物细胞产生特异相互作用，并且有利于细胞黏附和生长。柞蚕丝胶蛋白降解产物为多肽和游离氨基酸，对人体无毒，具有其他生物蛋白所不具备的优异的生物亲和性、细胞黏附性，在抗氧化、抗凝血和伤口愈合[4-5]等生物技术和生物医学领域被广泛应用[6-8]。

6. 酶抑制性

丝胶蛋白具有螯合金属离子的能力，能够抑制酪氨酸酶和多酚氧化酶的活性，进而降低色素的积累。这主要是由于丝胶蛋白中高比例的羟基氨基酸与微量元素如铜、铁的络合，从而影响了酶活性的正常发挥[9-10]。

7. 低免疫原性

丝胶蛋白不会导致不安全的炎症反应、过敏反应和免疫反应的发生。有研究显示[11]，使用不含有脂多糖的丝胶蛋白不会诱导巨噬细胞产生肿瘤坏死因子-α和白细胞介素-1β两种重要的炎症因子。通过跟海藻酸钠和壳聚糖等被广泛接受的生物材料比较发现，纯丝胶蛋白在小鼠皮下引起的炎症反应的概率很低，是可接受的。另外，通过使用小鼠模型，同样揭示出丝胶蛋白和纤维蛋白原具有相似的变应原性和免疫原性。而纤维蛋白原是美国食品和药物管理局批准的一种具有良好生物安全性的材料。因此，体内和体外实验结果表明丝胶蛋白是一种可用于生物医学领域的安全的生物材料。

（二）丝胶蛋白交联

丝胶蛋白的改性，有可能改变其原有的功能和性质，降低材料的可用性。应在保证丝胶蛋白活性的同时对其进行改性修饰，包括负载生长因子、糖多肽和特异性药物等，都能使其生物医用价值充分提升。单一的材料或交联方式很难满足理想生物材料的条件，因此需要根据应用目的综合优势材料，选择合适的交联方式进行设计。

1. 物理交联

丝胶蛋白丰富的极性基团和水分子之间易产生氢键作用，添加甘油、乙醇则有助于增强分子间或分子内作用力，促使 β 折叠的形成。物理交联的优势在于不引入任何化学试剂，能保持其良好的生物相容性。但氢键作用相对较弱，丝胶蛋白材料的力学性能和降解周期往往难以匹配相应的生物医学应用，通常仅作为一种辅助交联方法。将丝胶蛋白与其他高分子或增塑剂等物质混合，是目前用于改善丝胶蛋白膜性能主要的物理方法。Sween Gilotra 等[12]利用生物高聚物聚乙烯醇（PVA）和丝胶蛋白合成纳米纤维基质创面敷料。研究发现，经过物理共混技术获得的丝胶蛋白基纳米纤维基质创面敷料能够促进伤口愈合。

2. 化学交联

化学交联是大分子链间通过化学键联结起来，形成网状或体形结构高分子的过程。通过添加交联剂形成的化学交联丝胶蛋白膜，具有比物理交联更好的力学等物理性能[13]。目前，用于丝胶蛋白膜改性的交联剂主要有戊二醛、环氧树脂、京尼平等。其中，戊二醛对细胞的毒性作用不可忽视；京尼平交联后的材料变深蓝色，也会覆盖丝胶蛋白本身的荧光特性。双网络交联可将物理交联和化学交联或两种化学交联结合起来，在降低交联剂浓度的同时，保证材料的机械强度，在一定程度上解决了细胞相容性和机力学能之间的矛盾。

3. 光交联

接枝光敏基团的丝胶蛋白在紫外光照射下，通过自由基链式聚合反应交联实现材料的快速高精度制备。Kurland 等[14]利用光刻技术（或称平板印刷术），将接枝光敏基团的丝胶蛋白通过紫外光交联，形成固化的膜材料，没有经过紫外光照射的材料溶解在水中，形成特定的图案（图 1-2）。

4. 生物酶交联

胡浩然等[15]通过辣根过氧化物酶（HRP）和过氧化氢（H_2O_2）协同催化丝胶蛋白分子间交联，并在此基础上制备丝胶蛋白膜材料。测定反应前后丝胶蛋白分子量与二级结构变化，考察丝胶蛋白膜的水溶性、热性能及力学性能。结果表明，丝胶蛋白中酪氨酸残基能被 HRP/H_2O_2 体系催化氧化，引发丝胶蛋白分子间

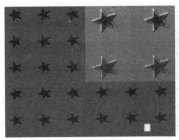 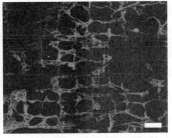

(a) 丝胶蛋白光刻技术　　　　　(b) 丝胶蛋白支架上增殖

图 1-2　丝胶蛋白光交联技术

交联和分子量增加，丝胶蛋白的二级结构由无定形结构向 β 构象转变。经酶促交联改性的丝胶蛋白膜水溶性下降，热性能和力学性能有所改善（图 1-3）。

图 1-3　HRP/H_2O_2 体系催化氧化机理

　　郭晓晓等[16]采用谷氨酰胺转氨酶（TGase）催化酰胺基转移反应，实现丝胶蛋白大分子间交联，旨在通过提升丝胶蛋白的分子量，改善丝胶蛋白基材料的结构稳定性；并在此基础上，分别选取壳寡糖和壳聚糖，考察 TGase 催化氨基多糖与丝胶蛋白的接枝和桥接交联效果，在降低丝胶蛋白材料水溶性的同时，赋予丝胶蛋白基再生材料一定的功能性，制备抗菌和抗氧化丝胶蛋白基复合膜材料。张谦等[17]通过催化丝胶蛋白自交联及接枝精氨酸—甘氨酸—天门冬氨酸（RGD），制备改性丝胶蛋白膜材料。考察了漆酶和 TEMPO 体系对丝胶蛋白的催化氧化和酶促交联效果。

第二节　柞蚕丝胶蛋白的提取技术

　　柞蚕丝胶蛋白提取技术主要包括高温高压法、碱提取法、酸提取法和生物酶法[18-19]。下面对不同提取方法的提取机理、提取方法以及优缺点进行详细分析。

一、高温高压法

（一）脱胶机理

在高温水中，丝胶蛋白膨润，溶解性显著增强。同时，在高能水分子的作用下，丝胶蛋白间氢键遭到破坏，使得丝胶蛋白发生溶解和水解，最终达到脱胶的目的。

（二）脱胶方法

将茧壳碎片、蚕丝或生丝放入蒸馏水中，在温度 110 ～ 120℃，压力 0.2MPa条件下，置于高温高压容器中脱胶，然后采用过滤或离心等方法去除丝素蛋白，获得丝胶蛋白水溶液，最后通过干燥得到丝胶蛋白。

（三）优缺点

高温高压法获得的丝胶蛋白不会引入其他化学物质，可以脱去大部分丝胶蛋白，但生产成本高，产率较低。

二、碱提取法

（一）脱胶机理

丝胶蛋白具有两性性质，其等电点为 3.8 ～ 4.5。在碱性条件下，丝胶蛋白发生彭润、溶解和水解，而丝素蛋白不溶解，再经过透析等技术处理后，可获得再生丝胶蛋白。

（二）脱胶方法

常用的碱性脱胶试剂有碳酸钠、碳酸氢钠、尿素和强碱性电解水等。将茧壳、蚕丝或生丝浸于碱性脱胶试剂溶液中，在一定温度下丝胶蛋白溶解，通过过滤或离心等技术除去丝素蛋白，再将获得的丝胶蛋白碱性溶液进行透析、浓缩或干燥，最终获得再生丝胶蛋白。

（三）优缺点

碱提取法丝胶蛋白的溶解作用强，脱胶效率高。但得到的丝胶蛋白溶液含有大量的碳酸钠盐，而且丝胶蛋白发生大量降解和水解，对丝胶蛋白生物性能以及后续应用有很大的影响。因此，该方法不利于丝胶蛋白的回收及利用。

三、酸提取法

（一）脱胶机理

丝胶蛋白在 pH 低于等电点的酸性条件下，可发生膨润、溶解和水解，获得再生丝胶蛋白。

（二）脱胶方法

常用酸性试剂有酒石酸、柠檬酸、苹果酸等有机酸。将茧壳、蚕丝或生丝浸于酸性溶液中，加热煮沸，处理一定时间后，过滤或离心，取上清液，透析后干燥获得再生丝胶蛋白。

（三）优缺点

酸提取法脱胶效果显著，但强的酸性环境会促使丝胶蛋白发生降解，形成小分子肽段，甚至发生严重的水解。除此之外，因有杂质离子引入，不利于丝胶蛋白的回收及利用。

四、生物酶法

（一）脱胶机理

丝胶蛋白在部分蛋白质分解酶作用下，分子主链中特定氨基酸肽键发生水解，从而将蚕丝外围的丝胶蛋白除去，获得再生丝胶蛋白。

（二）脱胶方法

常用的生物酶有中性蛋白酶或碱性蛋白酶。将茧壳、蚕丝或生丝置于一定pH、温度条件下的生物酶液中脱胶一定时间，然后离心或过滤获得丝胶蛋白溶液，再经过透析干燥等，最终获得再生丝胶蛋白。

（三）优缺点

生物酶法脱胶率高，且不用在太高的温度下进行，但该方法获得的丝胶蛋白分子量低，对丝胶蛋白的结构破坏性大。

第三节 柞蚕丝胶蛋白纤维制备技术

柞蚕丝胶蛋白纤维制备技术主要有溶液纺丝技术、静电纺丝技术和微流控纺丝技术。下面对不同纺丝制备技术机理以及应用范围进行介绍。

一、溶液纺丝技术

溶液纺丝属于湿法纺丝。湿法纺丝是指将聚合物溶于溶剂中，通过加压将纺丝原液从喷丝孔喷出，进入与聚合物不相容或为不良溶剂的凝固浴形成纤维的方法[20-21]。通过调节喷丝孔直径、聚合物组成和体积流量等参数，调节制备的纤维丝尺寸。由湿法纺丝制备的生物凝胶纤维，已用于软骨、跟腱、骨和神经组织再生等领域。由于湿法纺丝制备的纤维尺寸相对较大、纤维在凝固浴中随机排列等因素，使用该方法制备的支架材料孔径较大。湿法纺丝制备条件温和、孔隙率高，有利于细胞负载培养。但结构简单、精度差等缺点也限制了其在组织仿生中的应用。

二、静电纺丝技术

静电纺丝是一种利用高压静电将聚合物的溶液或熔体直接进行喷射拉伸而形成纤维的技术[22]。在高压电场作用下，针头末端的液滴处聚集了大量电荷，液滴受到一个与其表面张力相反的电场力，当电压升高时，电场力也随之增大，当达到临界值时，电场力大于其表面张力，射流将会沿着不稳定的螺旋轨迹运动，溶剂挥发，最终在接收板装置上得到纳米纤维膜。因纳米纤维膜具有高孔隙率和独特的网状结构，与组织和器官的胞外生长基质相似，具有一定的机械强度和较大的表面积等，在组织工程血管支架领域有广泛的应用[23-24]。尽管静电纺丝技术在组织工程中有一定的应用，但也具有明显的局限性。由于纤维堆积密度过高，细胞难以迁移进入支架内部[25-26]。静电纺丝机理如图1-4所示。典型的静电纺丝装置包括高压直流电源、接收装置、喷射装置和溶液收集装置。

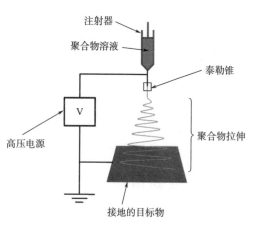

图1-4　静电纺丝机理

静电纺丝技术获得的纳米纤维直径在几纳米到几百纳米之间，因此获得的纳米纤维材料具有比表面积大、孔隙率高、孔尺寸均匀以及特定的三维结构等优点。因此，静电纺丝技术越来越受到研究者们的关注。目前，静电纺丝技术在纺织服装、能量储存、化妆品、日用品、安全防护、生物医疗保健、电子产业以及其他领域得到了广泛应用。在能源再生方面，已经将静电纺纳米纤维膜应用于聚合物电池[27]、光电电池以及高聚物燃料电池[28]。Kim[29]等利用聚偏二氟乙烯（PVDF）纳米纤维膜制备出聚合物电池。O'Regan[30]等利用光敏染料分子与TiO$_2$纳米粒子结合，制备出光电电池。在环境工程方面，静电纺纳米纤维膜具有独特的性能：较高的比表面积和表面内聚能，使其作为过滤材料得到广泛应用。纳米纤维材料能够拦截直径小于0.5mm的细小颗粒。在空气过滤中，利用物理包覆原理和电力俘获原理，纳米纤维膜能够拦截直径在1～5μm的大气悬浮颗粒。Almany[31]等研究得到，静电纺PA6纳米纤维直径可达8～200nm，其吸附效率高达99.993%，优于高效空气过滤器

（HEPA）过滤效率。近年来，静电纺丝纳米纤维在生物医学中的应用尤为重要。通过静电纺丝方法，将壳聚糖、丝素蛋白、透明质酸等天然高聚物制备成生物相容性支架，改善了合成高聚物生物相容性差的问题[32]。各种各样的纳米纤维支架已经在软骨[33]、皮组织[34]、骨骼[35]、神经[36]以及动脉血管口[37]等方面得到应用。

三、微流控纺丝技术

微流控纺丝技术，也称微流体纺丝技术，是将具有一定黏度的材料在重力作用下，通过改变流体推动力和接收器的拉伸力制备出不同尺寸和形貌的微纤维的技术。该技术是一种高效、绿色生产各向异性有序微纤维的理想技术[38]。借助微流体纺丝技术构筑的微纤维具有形状、尺寸及组成精准可控，传质传热性能高效和反应过程绿色等特点而受到广泛关注。典型的微流控纺丝设备主要包括微流系统、控制系统。微流系统用于控制流体进样速度，精密控制流量，从而形成连续长丝；控制系统用于调控控制温度、步进电动机水平速度和旋转电动机转速，从而形成排列布阵和有效图案化。

随着微流体纺丝技术的发展，微流体纺丝在生物材料、智能可穿戴、信息技术等领域被广泛应用，尤其是在再生纤维制备方面，具有得天独厚的优势（图1-5）。

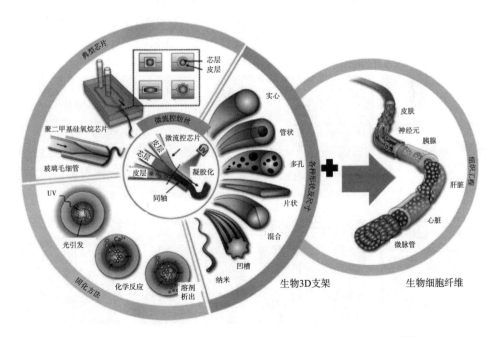

图1-5　基于微流控技术制备的纤维及其在组织工程中的应用[38]

　　该技术是在微尺度下对复杂流体进行控制、操作和检测的技术，可用于制备阵列、janus结构、竹节、中空、壳核等不同形貌、不同尺寸的微纤维及纳米珠[39-40]，通过微流体纺丝制备的纤维尺寸介于湿法纺丝和电纺丝之间（图1-6）。

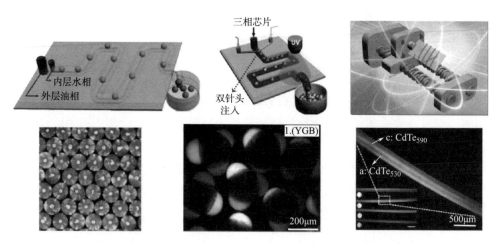

图1-6　微流控技术制备不同形貌、不同尺寸的微纤维及纳米珠[39-40]

　　陈苏教授课题组利用微流体纺丝技术制备了多种形貌可控的一维有序荧光微纤维（阵列型、janus型、竹节型）、二维有序光子晶体膜、三维有序janus微珠[41-43]（图1-7），并且利用该技术，获得了系列具有新颖结构的智能显示材料、识别材料，如"微珠"机器人，"竹节"状纤维等。通过微流体纺丝技术与微流

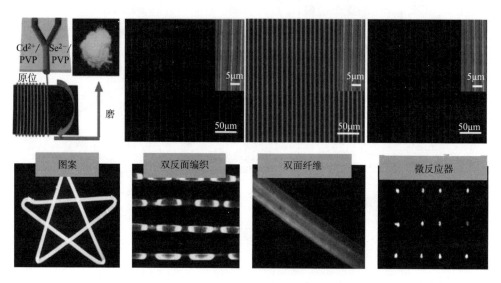

图1-7　微流体纺丝技术制备有序荧光微纤维[41-43]

体芯片相结合的方式构筑了多功能有序微纤维，并将其应用在微反应器、荧光编码、光学传感和多信号分析等领域。

Kinahan 等利用微流体技术制得再生丝素蛋白纤维，但发现所得纤维力学性能很差，只有 10MPa 左右[44]。罗杰等利用微流体纺丝技术，模拟蚕的纺丝系统，对再生丝素蛋白水溶液组成进行动态调控，同时还模拟了蚕丝腺内丝素蛋白溶液浓缩过程[45]。A.T 等利用微流体纺丝系统将 pH 响应性染料装载到介孔微粒子中，并将其并入水凝胶纤维中，用于制作临床相关尺寸的水凝胶伤口敷料。所开发的皮肤敷料可作为监测伤口愈合过程的即时护理设备[46]。梁哲等将微流控技术与刺激响应型水凝胶相结合，以多重响应型复合凝胶 PNIPAAm-PEG/Ca-alginate 为主要材料，研制出能够响应环境变化的、形貌可调控的生物凝胶纤维，并初步开发了其在生物医学中的应用，展示了该微纤维用于肺泡仿生的潜在的可行性[47]。上述研究表明，微流体纺丝技术作为一种新型技术制备新型纤维材料，具有独特的优势。

第四节　柞蚕丝胶蛋白的应用

柞蚕丝胶蛋白作为一种天然蛋白质，因其独特的吸湿性、可降解性、抗菌、抗紫外以及护肤美容等特性，可在纺织品、化妆品、食品、生物材料等领域具有广阔的应用前景。

一、柞蚕丝胶蛋白在纺织品中的应用

丝胶蛋白具有良好的亲水性，可将其用于疏水性纤维的改性研究。高辉等[48]为探讨丝胶蛋白整理到腈纶织物对其透气透湿性能的影响，采用两步法将丝胶蛋白改性液用于腈纶织物的改性，经丝胶蛋白改性液处理后的腈纶织物回潮率提升至 2.92% ～ 8.34%，经向断裂强力较原样降低 17.55%、硬挺度降低18.91%，纬向断裂强力较原样降低 18.54%、硬挺度降低 12.95%。解萍萍等[49]采用正交试验方法分别对涤纶织物和碱减量涤纶织物进行改性丝胶整理，获得了具有较高回潮率、手感良好的丝胶蛋白涂覆的涤纶织物。胡智文[50]等利用丝胶蛋白溶液对涤纶进行表面包覆，最终使得涤纶织物具有类似真丝织物的服用凉爽性。纪培珍[51]利用丝胶蛋白溶液对聚酯纤维和聚酰胺纤维进行改性，获得了具有良好吸放湿性的聚酯纤维和聚酰胺纤维。这说明丝胶蛋白的引入，有利于水分子的吸附和扩散。潘福奎等[52]利用丝胶蛋白对涤纶的吸湿性和抗静电性进行改性，获得了吸水性能良好、抗静电性能强的涤纶。杨美桂[53]利用丝胶蛋白对氧化棉纤维进行改性，获得了具有良好抗皱性和吸水性的氧化棉纤维。除此之外，某些天然织物纤维或者再生纤维等都可以通过丝胶蛋白溶液进行改性处理，通常经过丝胶蛋白溶液处理后的纤维或者纺织成品均具有良好的保湿、抗静电等优异特性。

丝胶蛋白作为宝贵的天然蛋白质，除了具有良好的吸湿保湿性外，还具有优异的抗菌性。付智珠等[54]以丝胶蛋白、聚环氧乙烷为原料，采用静电纺丝技术，设计制备了具有抗菌性的丝胶蛋白基纳米纤维材料，可作为口罩用料。章淑娟[55]采用壳聚糖/丝胶蛋白对氧化棉织物进行整理，壳聚糖和丝胶蛋白上的氨基能与氧化棉纤维上醛基反应而固着在棉织物上，获得具有抗菌性的新型棉织物。赵锐[56]采用静电纺丝技术制备出壳聚糖/丝胶蛋白纳米纤维，该纳米纤维具有良好的生物活性和抗菌性能，有望用于伤口辅料等医用材料。

二、柞蚕丝胶蛋白在化妆品中的应用

早在《本草纲目》中就有记载，蚕丝既能改善皮肤的光泽度，还能治疗皮肤疾病。但对于丝胶蛋白在化妆品中的应用研究一直处于初级阶段，直到 1983 年，有文章报道出丝胶蛋白作为护肤材料具有储存稳定性，能够使皮肤变得更好，随后丝胶蛋白基化妆品相继出世。丝胶蛋白的保湿性、抗氧化性以及美白性能，使其作为化妆品原材料具有得天独厚的优势。柞蚕丝胶蛋白是一种非常珍贵的野生蛋白质资源，因其独特的结构、组分及性能，使得其在纺织品领域具有非常好的应用前景[57]。隋秀芝[58]将丝胶蛋白作为一种化妆品添加剂进行各种研究，结果发现，丝胶蛋白作为一种纯天然原料，有望用在护发美容化妆品中。研究人员分析了丝胶蛋白的应用前景，希望将丝胶蛋白变废为宝，以获得更好的社会效益和经济效益。

陈复生等[59]对不同品种茧的丝胶蛋白紫外吸收性能进行分析对比，发现丝胶蛋白具有较好的紫外吸收性，但是不同品种的茧丝所得到的丝胶蛋白紫外吸收能力不同，且丝胶蛋白紫外吸收能力随着丝胶蛋白浓度的增大而增强。当在化妆品中仅添加 0.5% 的低浓度丝胶蛋白，化妆品对紫外线的吸收能力更强。

胡在进等[60]将丝胶蛋白作为原材料，制成化妆水，而且发现将丝胶蛋白加入化妆品中，可对皮肤起到保湿效果。丝胶蛋白在化妆品中具有保湿功能，这主要是丝胶蛋白与人体肌肤的天然保湿因子氨基酸组成成分十分接近。此外，丝胶蛋白的多肽链上许多极性基因处于表面，它可使体内水分传送至皮肤角质层而结合，从而使皮肤保持一定水分。

丝胶蛋白除了具有抗紫外线、保湿作用外，还具有美白祛斑的功能，这是因为丝胶蛋白富含大量的丝氨酸、苏氨酸等羟基氨基酸。上述氨基酸能够与铜、铁等微量元素产生络合，从而降低络氨酸酶的生物活性。胡桂燕等[61]以水溶性天然丝胶蛋白为主要原料，辅以甘油、脂肪醇、维生素 E 油、乳化剂等，研制对紫外线有吸收作用的丝胶美白防晒乳，该产品未检测出毒性、未发现变态反应，也未出现皮肤的不良反应，且该产品已经获得特殊用途的化妆品批号。

相人丽[62]等通过不同的脱胶方法获得不同分子量的丝胶蛋白及其水解物，并对不同的丝胶蛋白进行抑制黑色素性能测试，结果发现，不同方法获得的丝胶蛋白均具有良好的抗氧化作用，且黑色素抑制率可达到 20%～25%，表明丝胶蛋白可应用于化妆品、护肤品等领域。

三、柞蚕丝胶蛋白在食品中的应用

丝胶蛋白中的 18 种氨基酸中有 8 种为人体必需氨基酸，其中丝氨酸、甘氨酸、天门冬氨酸可降低血液胆固醇，防治高血压、糖尿病、血凝和血栓，降血氨，同时也对心绞痛、心肌梗死等有良好的防治效果[63]。孙德斌[64]等将丝胶肽作为食品添加剂，在饼干、糖果、饮料、蛋糕以及果冻等中添加，除此之外，也将其制成保健品和营养品。雷婷等[65]介绍了新型功能肽——丝肽的结构性质、氨基酸组成及主要功能，分析了丝肽在食品中的应用。Norinisa 等[66]通过实验发现，含有丝胶蛋白的样品中加入硫代巴比妥酸（TBARS）时，随着丝胶蛋白含量的增加，TBARS 明显减少，而在含牛血清白蛋白的样品中加入 TBARS 时，其含量只有稍微减少。而且，通过对样品中共轭双烯含量的测试，测试结果与上述结果相符合，因此可以说明丝胶蛋白的加入能够明显抑制多酚氧化酶的活性，丝胶蛋白可以作为抗氧化剂在食品中加以利用。Sasaki 等[67]通过研究丝胶蛋白对肠道金属离子吸收的影响，发现丝胶蛋白有利于肠道中锌、铁、镁等元素的吸收。通过检测，发现在血清中这些元素的含量没有改变，在尿液中元素含量也没有因摄入丝胶蛋白而受到影响，说明丝胶蛋白增强了生物体对这些元素的生物利用度。

四、柞蚕丝胶蛋白在生物材料中的应用

丝胶蛋白具有良好的生物相容性和独特的生物学性能，是一种性能卓越的天然生物材料。丝胶蛋白具有特殊的氨基酸组成和结构性质、良好的水溶性、促细胞黏附和增殖活性以及酪氨酸酶抑制活性等。丝胶蛋白能通过物理混合、化学交

联等方式制备出水凝胶、复合膜以及纤维状材料，在创伤修复、组织再生、药物传递、生物医药和材料涂层等生物医学领域显示出广阔的应用前景。

近年来，随着再生医学的不断发展，再生新材料受到研究者的广泛关注，尤其是丝胶蛋白天然材料。丝胶蛋白具有良好的生物相容性、低免疫性和生物降解性，能够促进细胞黏附和增殖活性，逐渐成为新型天然材料的研究热点[68-69]。丝胶蛋白含有丰富的极性氨基酸和功能基团，通过物理交联、化学交联和光蚀刻等方法，可以提高丝胶蛋白的力学性能，制备出多种新型生物材料，在创伤修复、组织再生、药物传递、生物医药和材料涂层等领域具有广泛的应用前景。丝胶蛋白改性方法以及丝胶蛋白作为生物材料在生物医用敷料中的研究有一定进展[70-71]。

（一）丝胶蛋白基水凝胶载药材料

Ersel 等[72]以丝胶蛋白为基材，将羧甲基纤维素钠与丝胶蛋白共混制备成凝胶，并将其用于大鼠背皮创面的修复。结果显示，含有丝胶蛋白试验组能够刺激皮下血管生成和胶原沉积，加快伤口愈合进程。同时，试验组的表皮厚度也明显高于阴性对照组和空白对照组，瘢痕组织生成率更低。酶活性检测结果发现，丝胶蛋白能够减少伤口周边组织坏死和水肿现象发生。Zhang 等[73]将丝胶和聚（N-异丙基丙烯酰胺）制备成热敏型 semi-IPN 水凝胶，通过调节温度就能控制细胞在材料上的黏附，使材料与创面分离过程简易化，提高了临床可操作性。Zhang 等[74]将丝胶蛋白和海藻酸钠共混制备出互穿聚合物网络水凝胶，并通过调整丝胶蛋白和海藻酸盐共混比例，获得具有良好机械强度的互传网络水凝胶。实验显示，水凝胶能够支持细胞增殖、长期存活和迁移，如图 1-8（a）所示。Zhang 等[75]使用超声波制造新型 3D 纯丝胶水凝胶，该水凝胶具有高光学透明性、外延弹性、pH 响应性、生物降解以及高孔隙率，如图 1-8（b）所示。Tao 等[76]制备一种超吸收性丝胶蛋白/聚乙烯醇水凝胶作为输送载体，可有效抑制细菌生长，从而维持细胞活力，如图 1-8（c）所示。

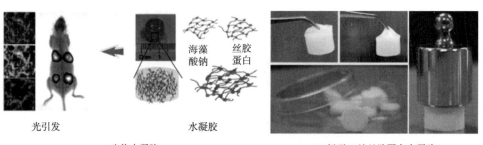

海藻酸钠　丝胶蛋白

光引发　　　　　　　水凝胶

(a) 生物水凝胶　　　　　　　　　　(b) 新型3D纯丝胶蛋白水凝胶

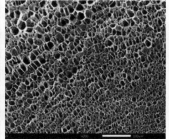

(c) 超吸收性丝胶蛋白/聚乙烯醇水凝胶

图 1-8　丝胶蛋白基水凝胶[76]

（二）丝胶蛋白基膜载药材料

He 等[77]制备了含银纳米粒子的 AgNPs-SS/PVA 共混膜，所制得的 AgNPs-SS/PVA 膜具有良好的力学性能和低的失重率。采用丝胶蛋白与外源材料共混制备生物材料，具有方法简单的优点，其缺点在于部分材料的成型结构稳定性仍不够理想，表现为力学性能较差（图 1-9）。

胡丹丹等[78]将蚕丝加工过程中废弃的丝胶蛋白作为填充物，采用干法成膜方式制备聚氨酯/丝胶蛋白复合膜，并考察丝胶蛋白含量对复合膜结构和性能的影响。结果表明，丝胶蛋白的加入，明显改善了聚氨酯薄膜的吸水和透湿性能，当其含量为 30% 时，聚氨酯薄膜的吸水率由初始的 0.3% 增大至 19.8%，水蒸气透过率则由原来的 747g/（$m^2 \cdot d$）增加至 6025g/（$m^2 \cdot d$）。复合膜力学性能随着丝胶蛋白含量的增加虽有所降低，但仍具有满足医用敷料要求的较高韧性，在实

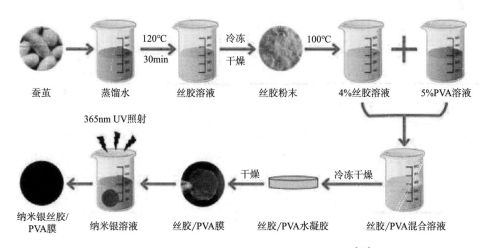

图 1-9　AgNPs-SS/PVA 共混膜制备工艺流程图[77]

际临床中具有广阔的应用前景。

（三）丝胶蛋白基纤维载药材料

Sween 等[79]以高聚物聚乙烯醇（PVA）与丝胶蛋白（SS）为基材，利用静电纺丝技术制备丝胶蛋白/聚乙烯醇混合纳米纤维基质创面敷料。获得的纳米纤维直径 130～160nm，具有微孔到纳米孔的结构。敷料具有清除自由基的能力，良好的抗菌活性高和膨胀能力强。与传统单一 PVA 纳米纤维敷料相比，PVA-SS 纳米纤维敷料对小鼠成纤维细胞（L929）和人类角质细胞（HaCaT）表现出更好的细胞增殖性能（图 1-10）。

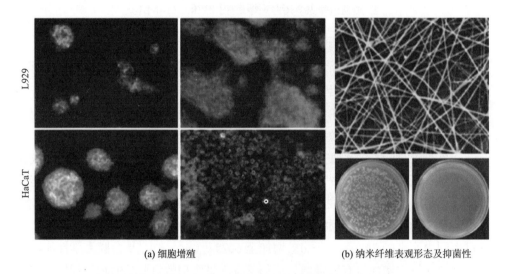

(a) 细胞增殖　　　　　　　　　(b) 纳米纤维表观形态及抑菌性

图 1-10　丝胶蛋白基纳米纤维创面敷料[79]

Zhao 等[80]通过静电纺丝成功地制备了壳聚糖/丝胶蛋白复合纳米纤维。复合材料纳米纤维具有良好的形貌，直径在 240～380nm。体外甲基噻唑四唑试验表明，壳聚糖/丝胶蛋白复合纳米纤维具有生物亲和性，能促进细胞增殖。此外，复合纳米纤维对革兰氏阳性菌和革兰氏阴性菌均有良好的杀菌活性。因此，壳聚糖/丝胶蛋白复合纳米纤维在伤口敷料领域具有广阔的应用前景。

Napavichayanun 等[81]以纳米纤维素为载体，结合丝胶蛋白和聚亚己基双胍抗菌试剂，开发多种丝胶蛋白伤口敷料。伤口敷料不仅具有很好的抗菌性能，还能促进伤口部位胶原蛋白的合成。烧伤修复试验结果显示，添加丝胶蛋白的抗菌敷料能够缩短上皮组织形成时间，从而显著减轻病人的疼痛感。

第五节 本章小结

栎蚕丝胶蛋白作为非常珍贵的天然蛋白质，已受到广大研究者的关注。目前针对栎蚕丝胶蛋白展开许多研究，本章综述了栎蚕丝胶蛋白结构和性质、栎蚕丝胶蛋白的提取技术、栎蚕丝胶蛋白纤维制备技术以及栎蚕丝胶蛋白应用等方面内容。

（1）从栎蚕丝胶蛋白结构和性质方面进行介绍，分析了栎蚕丝胶蛋白的结构、性质以及改性交联。栎蚕丝胶蛋白中富含多种氨基酸，多种氨基酸通过分子间肽键和二硫键以及分子内肽键和氢键作用，使栎蚕丝胶蛋白形成以无规卷曲结构为主，只含有小部分β–折叠结构，几乎不含α–螺旋结构独特的天然蛋白结构。介绍了各种丝胶蛋白的交联方法，指出每种方法的优缺点，为丝胶蛋白的进一步研究提供参考。

（2）从栎蚕丝胶蛋白提取工艺进行介绍，主要包括高温高压法、碱提取法、酸提取法以及生物酶法四种常见的栎蚕丝胶蛋白提取工艺，并对四种提取方法进行分析，探讨了四种提取技术的优缺点，为后续丝胶蛋白在提取方面的研究提供思路。

（3）对栎蚕丝胶蛋白做成纤维材料的制备技术进行介绍，主要包括当前常见的三种纺丝技术，分析了各种纺丝技术的机理、特点以及优缺点，为后续以丝胶蛋白为主要材料，在纤维制备方面，纺丝技术的选择提供参考。

（4）对栎蚕丝胶蛋白的应用领域进行了介绍。栎蚕丝胶蛋白作为一种天然蛋白质，因其独特的吸湿性、可降解性、抗菌、抗紫外以及护肤美容等特性，在纺织品、化妆品、生物材料等领域具有广阔的应用前景。

参考文献

［1］张瑶琴，陈忠敏，张艳冬，等. 丝胶蛋白分子结构及其制取条件［J］. 中国组织工程研究与临床康复，2011，15（3）：468–472.

［2］彭章川. 高性能蚕丝结构解析和素材创新［D］. 重庆：西南大学，2020.

［3］KUNDU S C, DASH B C, DASH R, et al. Natural protective glue protein, sericin bioengineered by silkworms : Potential for biomedical and biotechnological applications［J］. Progress in Polymer Science，2008，33（10）: 998-1012.

［4］ DASH B C，MANDAL B B，KUNDU S C. Silk gland sericin protein membranes：Fabrication and characterization for potential biotechnological applications［J］. Journal of Biotechnology，2009，144（4）: 321-329.

［5］ DASH R，MANDAL M，GHOSH S K，et al. Silk sericin protein of tropical tasar silkworm inhibits UVB-induced apoptosis in human skin keratinocytes［J］. Molecular & Cellular Biochemistry，2008，311（1-2）: 111-119.

［6］ KAR S，TALUKDAR S，SHILPA P，et al. Silk gland fibroin from indian muga silkworm Antheraea assamaas potential biomaterial［J］. Tissue Engineering and Regenerative Medicine，2013，10（4）: 200-210.

［7］ MINOURA N，AIBA S I，HIGUCHI M，et al. Attachment and growth of fibroblast cells on silk fibroin［J］. Biochem Biophys Res Commun，1995，208(2): 511-516.

［8］ TIAN H，LIN L，CHEN J，et al. RGD targeting hyaluronic acid coating system for PEI-PBLG polycation gene carriers［J］. Journal of Controlled Release，2011，155（1）: 47-53.

［9］ XUE R，LIU Y，ZHANG Q，et al. Shape changes and interaction mechanism of escherichia coli cells treated with sericin and use of a sericin-based hydrogel for wound healing［J］. Applied and Environmental Microbiology，2016，82（15）: 1-15.

［10］陈华，朱良均，闵思佳，等. 蚕丝丝胶蛋白的结构、性能及利用［J］. 功能高分子学报，2001，14（3）: 344-348.

［11］焦占营. 丝胶生物安全性的研究［D］. 武汉：华中科技大学，2017.

［12］GILOTRA，SWEEN，CHOUHAN，et al. Potential of silk sericin based nanofibrous mats for wound dressing applications［J］. Materials science & engineering：C. Materials for Biogical applications，2018，90: 420-432.

［13］张海萍，邓连霞，杨明英，等. 改性丝胶蛋白膜的研究进展［C］. //中国蚕学会第八届青年学术研讨会会议论文集. 昆明：2014: 346-350.

［14］KURLAND N E，DEY T，WANG C，et al. Silk protein lithography as a route to fabricate sericin microarchitectures［J］. Advanced Materials，2014，26（26）4431-4437.

［15］胡浩然，何敏，王平，等. HRP酶促丝胶自交联及其膜材料的制备［J］. 丝绸，2020，57（2）: 1-5.

［16］郭晓晓. TGase 催化丝胶接枝氨基多糖及其复合膜材料制备［D］. 无锡：江南大学，2020.

［17］张谦. 基于漆酶/TEMPO 催化的丝胶蛋白改性及再生材料构建［D］. 无锡：江南大学，2017.

［18］周小进，董雪. 不同脱胶方法对蚕丝性能的影响分析［J］. 针织工业，2013（4）：44-48.

［19］马骏. 柞蚕丝脱胶和丝胶蛋白提取方法的研究［D］. 沈阳：沈阳农业大学，2005.

［20］桑彩霞，王建坤. 海藻纤维医用敷料及其抗菌改性研究［J］. 针织工业，2021（7）：51-56.

［21］欧国松，施嘉辉，姜敏，等. 海藻酸钠/碳纳米管复合纤维的制备及力学性能研究［J］. 合成纤维，2018，47（12）：14-18.

［22］万玉芹. 静电纺丝过程行为及振动静电纺丝技术研究［D］. 上海：东华大学，2006.

［23］邱芯薇. 静电纺再生丝素纤维制品的结构与性能［D］. 苏州：苏州大学，2006.

［24］刘雍. 气泡静电纺丝技术及其机理研究［D］. 上海：东华大学，2008.

［25］MENG F L, CHAN W Y, CHIAN K S, et al. Fabrication and in vitro and in vivo cell infiltration study of a bilayered cryogenic electrospun poly（D，L-lactide）scaffold［J］. Journal of Biomedical Materials Research Part A，2010，94A（4）：1141-1149.

［26］SHABANI I, HADDADI-ASL V, SEYEDJAFARI E, et al. Cellular infiltration on nanofibrous scaffolds using a modified electrospinning technique［J］. Biochem Biophys Res Commun，2012，423（1）：50-54.

［27］KATTAMUD N, SHIN J, KANG B, et al. Development and surface characterization of positively charged filters［J］. Journal of materials science，2005，40（17）：4531-4539.

［28］AHN Y, PARK S, KIM G, et al. Development of high efficiency nanofilters made of nanofibers［J］. Current Applied Physics，2006，6（6）：1030-1035.

［29］KIM J R, CHOI S W, JO S M, et al. Electrospun PVDF-based fibrous polymer electrolytes for lithium ion polymer batteries［J］. Electrochimica Acta，2004，50（1）：69-75.

［30］O'REGAN B, GRTZEL M. A low-cost, high-efficiency solar cell based on dye-sensitized colloidaltitanium dioxide films [J]. Nature, 1991, 353.

[31] ALMANY L, SELIKTAR D. Biosynthetic hydrogel scaffolds made from fibrinogen and polyethylene glycol for 3D cell cultures [J]. Biomaterials, 2005, 26 (15): 2467-2477.

[32] WAYNE J S, MCDOWELL C L, SHIELDS K J, et al. In vivo response of polylactic acid-alginate scaffolds and bone marrow-derived cells for cartilage tissue engineering [J]. Tissue engineering, 2005, 11 (5-6): 953-963.

[33] RHO K S, JEONG L, LEE G et al. Electrospinning of collagen nanofibers : effects on the behavior of normal human keratinocytes and early-stage wound healing [J]. Biomaterials, 2006, 27 (8): 1452-1461.

[34] VENUGOPAL J, RAMAKRISHNA S. Biocompatible nanofiber matrices for the engineering of a dermal substitute for skin regeneration [J]. Tissue Engineering, 2005, 11 (6): 847-854.

[35] YOSHIMOTO H, SHIN Y, TERAI H, et al. A biodegradable nanofiber scaffold by electrospinning and its potential for bone tissue engineering [J]. Biomaterials, 2003, 24 (12): 2077-2082.

[36] SILVA G A, CZEISLER C, NIECE K L, et al. Selective differentiation of neural progenitor cells by high-epitope density nanofibers [J]. Science, 2004, 303 (5662): 1352-1355.

[37] NAGAPUDI K, BRINKMAN W T, LEISEN J E, et al. Photomediated solid-state cross-linking of an elastin-mimetic recombinant protein polymer [J]. Macromolecules, 2002, 35 (5): 1730-1737.

[38] GOU S, HUANG Y, WAN Y, et al. Multi-bioresponsive silk fibroin-based nanoparticles with on-demand cytoplasmic drug release capacity for CD44-targeted alleviation of ulcerative colitis [J]. Biomaterials, 2019 (212): 39-54.

[39] YIN S N, YANG S, WANG C F, et al. Magnetic-directed assembly from janus building blocks to multiplex molecular-analogue photonic crystal structures [J]. Journal of the American Chemical Society, 2016, 138 (2): 566-573.

[40] ZHANG Y, WANG C F, CHEN L, et al. Microfluidic-spinning-directed microreactors toward generation of multiple nanocrystals loaded anisotropic fluorescent microfibers [J]. Advanced Functional Materials, 2015, 25 (47): 7253-7262.

［41］LIU K, TIAN Y, LI Q, et al. Microfluidic printing directing photonic crystal bead 2D code patterns［J］. Journal of Materials Chemistry, C. materials for optical and electronic device, 2018, 6（9）: 2336–2341.

［42］MU R J, NI Y, WANG L, et al. Fabrication of ordered konjac glucomannan microfiber arrays via facile microfluidic spinning method［J］. Materials Letters, 2017, 196（6.1）: 410–413.

［43］MA K Z, DU X Y, ZHANG Y W, et al. In situ fabrication of halide perovskite nanocrystals embedded in polymer composites via microfluidic spinning microreactors［J］. Journal of Materials Chemistry C, 2017（5）: 9398–9404.

［44］KINAHAN E, FILIPPIDI S, KOSTER X, et al. Wong, Tunable silk : using microfluidics to fabficate silk fibers with controllable properties［J］. Biomacromolecules, 2011, 12（5）: 1504–1511.

［45］罗杰. 微流体芯片用于再生丝素蛋白水溶液的仿生纺丝研究［D］. 上海: 东华大学, 2013.

［46］TAMAYOL A, AKBARI M, ZILBERMAN Y, et al. Flexible pH–sensing hydrogel fibers for epidermal applications［J］. Advanced Healthcare Materials, 2016, 5（6）: 711–719.

［47］梁哲. 基于微流控技术的生物水凝胶纤维的制备及应用［D］. 北京: 清华大学, 2018.

［48］高辉, 张文静, 黄思思, 等. 腈纶织物丝胶改性整理及其性能［J］. 现代纺织技术, 2021, 29（5）: 95–102.

［49］解萍萍. 涤纶织物改性丝胶整理工艺及性能研究［D］. 杭州: 浙江理工大学, 2020.

［50］胡智文, 陈文兴, 傅雅琴. 涤纶表面包覆丝胶仿真丝纤维的研究［J］. 纺织学报, 2001, 22（1）: 33–34.

［51］纪佩珍. 丝胶改性聚酯和聚酰胺纤维吸放湿性的研究［J］. 浙江丝绸工学院学报, 1994, 11（2）: 23–26.

［52］潘福奎, 潘廷松, 谢莉青, 等. 利用丝胶改善涤纶织物服用性能研究［J］. 青岛大学学报: 工程技术版, 2005, 20（1）: 61–63.

［53］杨美桂. 丝胶蛋白棉纤维的制备及其性能研究［D］. 苏州: 苏州大学, 2008.

［54］付智珠, 翁浦莹, 蒙冉菊, 等. 丝胶复合纳米口罩的制备及其抗菌性性能

研究［J］. 江苏丝绸, 2018（6）: 31-34.

［55］章淑娟. 壳聚糖 / 丝胶对氧化棉织物复合整理［D］. 上海: 东华大学, 2017.

［56］赵锐, 李响, 孙博伦, 等. 静电纺丝制备具有抗菌功效的壳聚糖 / 丝胶复合纳米纤维伤口敷料［C］. 中国化学会第 29 届学术年会, 2014.

［57］李梅, 叶晶, 濮佳艳, 等. 蚕丝丝胶蛋白在化妆品领域的开发与应用［J］. 轻纺工业与技术, 2018, 47（12）: 10-13.

［58］隋秀芝. 丝胶作为功能性化妆品原料的研究探讨［D］. 杭州: 浙江理工大学, 1999.

［59］陈复生, 叶崇军, 魏兆军. 蚕丝天然丝胶蛋白的紫外吸收能力研究［J］. 天然产物研究与开发, 2013, 25（3）: 388-390.

［60］胡在进, 张媛. 全天然丝胶茧及自制丝胶化妆水［J］. 农技服务, 2016, 33（4）: 230.

［61］胡桂燕, 王永强, 李有贵, 等. 丝胶蛋白性能及美白防晒乳的研制［J］. 丝绸, 2010（4）: 27-30.

［62］相入丽, 张雨青, 阎海波. 蚕丝丝胶蛋白的抗氧化作用［J］. 丝绸, 2008（5）: 23-27.

［63］张雨青. 丝胶蛋白的护肤、美容、营养与保健功能［J］. 纺织学报, 2002, 23（2）: 70-72.

［64］孙德斌, 汪琳. 蚕丝的多功能开发与利用［J］. 江苏蚕业, 2000（1）: 1-3.

［65］雷婷, 张铁华. 功能性丝肽及其在食品中的应用［J］. 食品科技, 2008, 33（7）: 113-116.

［66］NORIHISA, KATO, SEIJI, et al. Silk protein, sericin, inhibits lipid peroxidation and tyrosinase activity［J］. Bioscience Biotechnology & Biochemistry, 1998, 62（1）: 145-147.

［67］SASAKI M, YAMADA H, KATO N. Consumption of silk protein, sericin elevates intestinal absorption of zinc, iron, magnesium and calcium in rats［J］. Nutrition Research, 2000, 20（10）: 1505-1511.

［68］胡豆豆. 双重 pH 响应性阿霉素 - 丝胶基纳米粒药物运释体系的构建和抑制肿瘤增殖的作用［D］. 杭州: 浙江大学, 2017.

［69］王捷. 蚕丝蛋白调控无机纳米粒子自组装体及其抗肿瘤性能研究［D］. 杭州: 浙江大学, 2017.

［70］曹婷婷. 丝胶蛋白作为血清替代物或添加物在细胞培养和冻存中应用与评

估［D］. 苏州：苏州大学，2017.

［71］万良泽. 家蚕丝蛋白和蛹蛋白表面活性剂的特性及其生物安全性评价［D］. 苏州：苏州大学，2016.

［72］ERSEL M，UYANIKGIL Y，KARBEKAKARCA F，et al. Effects of silk sericin on incision wound healing in a dorsal skin flap wound healing rat model［J］. Medical ence Monitor International Medical Journal of Experimental & Clinical Research，2016（22）：1064–1078.

［73］ZHANG Q，DONG P，CHEN L，et al. Genipin–cross–linked thermosensitive silk sericin/poly（N–isopropylacrylamide）hydrogels for cell proliferation and rapid detachment［J］. Journal of Biomedical Materials Research Part A，2013，102（1）：76–83.

［74］ZHANG Y，LIU J，HUANG L，et al. Design and performance of a sericin–alginate interpenetrating network hydrogel for cell and drug delivery open［J］. 2015（5）：1–13.

［75］ZHANG Y，JIANG R，FANG A，et al. A highly transparent, elastic, injectable sericin hydrogel induced by ultrasound［J］. Polymer Testing，2019，77（3）：1–8.

［76］TAO G，WANG Y，CAI R，et al. Design and performance of sericin/poly（vinyl alcohol）hydrogel as a drug delivery carrier for potential wound dressing application［J］. Materials Science & Engineering，2019，101（8）：341–351.

［77］HE H，CAI R，WANG Y，et al. Preparation and characterization of silk sericin/PVA blend film with silver nanoparticles for potential antimicrobial application［J］. International Journal of Biological Macromolecules，2017，104：457–464.

［78］胡丹丹，章伟华，刘琳，等. 聚氨酯/丝胶蛋白复合膜的制备及其性能研究［J］. 浙江理工大学学报，2012，29（4）：469–473.

［79］GILOTRA，SWEEN，CHOUHAN，et al. Potential of silk sericin based nanofibrous mats for wound dressing applications［J］. Materials science & engineering：C. Materials for Biogical applications，2018，90：420–432.

［80］ZHAO R，LI X，SUN B，et al. Electrospun chitosan/sericin composite nanofibers with antibacterial property as potential wound dressings［J］. International journal of biological macromolecules，2014，68（7）：92–97.

［81］NAPAVICHAYANUN S, YAMDECH R, ARAMWIT P. The safety and efficacy of bacterial nanocellulose wound dressing incorporating sericin and polyhexamethylenebiguanide: in vitro, in vivo and clinical studies[J]. Archives for Dermatological Research, 2016, 308（2）: 123–132.

第二章　柞蚕丝胶蛋白的提取及性能研究

柞蚕丝胶蛋白是柞蚕丝纤维重要组成部分，占柞蚕丝纤维的 20% ～ 30%。柞蚕丝胶蛋白包裹在柞蚕丝素纤维外围，作为一种黏结剂，将丝素纤维黏结在一起形成柞蚕茧。柞蚕丝胶蛋白是蚕丝外层一种丝胶状蛋白质，含大量侧链带亲水基团的氨基酸，如丝氨酸、天冬氨酸等，易溶于水中，为水溶性球状蛋白，在化妆品、临床医学、生物材料、保健纺织品后整理等领域都有广泛的应用。但国内大多数工厂通常是将含有丝胶蛋白的高浓度有机废水直接排放，这样不仅造成严重的环境污染，而且浪费资源。因此将柞蚕丝胶蛋白回收，并充分再利用具有重要意义。本章主要介绍了碱脱胶方法对柞蚕丝胶蛋白提取以及丝胶蛋白性能的影响，研究柞蚕丝胶蛋白提取工艺对柞蚕丝胶蛋白提取率的影响，并通过胭脂红检测、氨基酸组成分析、圆二色谱、红外光谱、热性能等测试方法对柞蚕丝胶蛋白的大分子结构、热稳定性等进行分析。

第一节　柞蚕丝胶蛋白提取工艺

一、实验试剂和仪器

碱提取法提取柞蚕丝胶蛋白是目前最常用的丝胶蛋白提取方法，脱胶效率高。具体使用的实验试剂和仪器见表 2–1、表 2–2。

表 2–1　主要原料及试剂

名称	规格	生产厂家
柞蚕茧	市售	—
碳酸钠	分析纯	上海国药集团试剂有限公司
胭脂红	分析纯	佛山市康能生物科技有限公司
聚乙二醇 8000	—	上海国药集团试剂有限公司
透析袋	MD25–3500	Sigma-Aldrich 有限公司

表 2-2 实验仪器

名称	规格型号	生产厂家
分析天平	ME204E	美国 Mettler Toledo 公司
冷冻干燥机	FD-1C-50	北京博医康仪器有限公司
台式 pH 计	FE28	美国 Mettler Toledo 公司
电热恒温水浴锅	DF-101S	上海力辰科技有限公司
磁力搅拌器	LC-MSH-5L	上海力辰科技有限公司
傅里叶变换红外光谱仪	Nicolet IS10	美国 Thermo Fisher Scientific
热重分析仪	Q500	美国 TA instruments 公司
差示扫描量热仪	Q2000	美国 TA instruments 公司
双向电泳槽	DYCZ-26C	北京六一生物科技有限公司
圆二色谱仪	MOS-450	法国 Bio-logic 公司

二、实验操作

（一）柞蚕茧丝胶蛋白（SS）提取

将柞蚕茧剪成小块，然后放入超声波清洗器中，清洗 1h，再放入 50℃温度下烘箱烘干，备用。精确称量 3 组柞蚕茧，每组蚕茧质量为 5.0g，分别将柞蚕茧置于不同质量浓度（0.5%、1.0%、1.5%、2.0%、2.5%、3.0%）的 Na_2CO_3 溶液中，100℃振荡 4h，取出过滤，去除不溶物，将上清液透析 48h，每 12h 换一次水，透析完成后，用聚乙二醇（分子量 8000）浓缩，去除部分水分，然后放入冷冻干燥机中，冷冻干燥得到棕色粉末。具体的柞蚕丝胶蛋白提取工艺路线如图 2-1 所示。

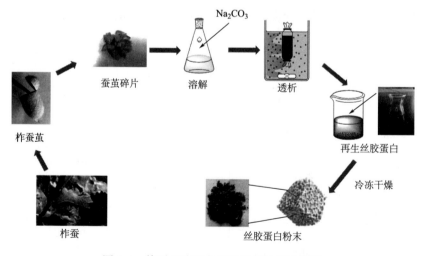

图 2-1 柞蚕丝胶蛋白提取工艺路线示意图

（二）柞蚕丝胶蛋白测试

1. 提取率的测定

将柞蚕茧清洗干净后，晾干，精确称量柞蚕茧的质量为 M_1，透析后的柞蚕丝胶蛋白溶液经冷冻干燥后，获得丝胶蛋白粉末，精确称量柞蚕丝胶蛋白粉末质量为 M_0，利用式（2-1）计算柞蚕丝胶蛋白提取率（W_{SS}）。

$$W_{SS} = \frac{M_0}{M_1} \times 100\% \qquad (2-1)$$

2. 胭脂红测试

精确称取胭脂红粉末 1.0g，放入质量分数为 8% 的氨水溶液中，完全溶解后，将脱胶后的柞蚕丝置于上述胭脂红溶液中，加热至 100℃，处理 5min，取出柞蚕丝。用蒸馏水清洗 3 次，洗净后，观察蚕丝颜色。若为淡黄色，则脱胶彻底；若为红色，则脱胶不完全，继续脱胶，直至脱胶完全。

3. 氨基酸组成与含量测试

采用英国百康全自动氨基酸分析仪对柞蚕丝胶蛋白粉末进行氨基酸组分及含量分析。采用柱后衍生法：氨基酸在分离柱分离后与茚三酮反应，生成物能被紫外分光光度计检测，从而得到氨基酸浓度。缓冲液流速 20mL/h，反应流速 10mL/h，分离柱 Na 型阳离子树脂层析柱，长度 × 直径为 200mm×4.6mm，紫外检测波长 570nm、440nm；柱温按 55℃—65℃—77℃程序升温，反应槽温度 138℃，进样量 50μL。

（1）丝胶蛋白粉末前处理。精确称取丝胶蛋白粉末 80mg，加入水解管中。加入比例为 1∶1 的分析纯盐酸（约 6mol/L）10mL，管中吹入氮气 30s，密封。然后置于油浴锅 110℃水解 22～24h。水解结束后待冷却至室温，用 0.45μm 膜将其过滤到 50mL 容量瓶中并定容。吸取定容后的样品 2mL，置旋转蒸发仪上 45℃温度下脱酸，脱至瓶底部留有少许固体或痕渍，加入 2mL 样品缓冲液充分溶解，用 0.45μm 过滤器过滤后上机分析。

（2）标准品制备。取一定量标准品 Amino Acid Standard（AAS18），用柠檬酸钠缓冲液稀释两倍，稀释后标准品浓度：

天冬氨酸（Asp）、苏氨酸（Thr）、丝氨酸（Ser）、谷氨酸（Glu）、甘氨酸（Gly）、丙氨酸（Ala）、缬氨酸（Val）、蛋氨酸（Met）、异亮氨酸（Ile）、亮氨酸（Leu）、酪氨酸（Tyr）、苯丙氨酸（Phe）、组氨酸（His）、赖氨酸（Lys）、精氨酸（Arg）、脯氨酸（Pro）、氨均为 1.25μmol/mL，半胱氨酸（Cys）0.625μmol/mL。

（3）缓冲液制备。

第一种缓冲液：pH=3.20，0.20mol/L，洗脱氨基酸包括 Asp、Thr、Ser、Glu、

Pro、Gly 和 Ala，而 Cys 要到第一和第二缓冲液梯度上洗脱。

第二种缓冲液：pH=4.25，0.2mol/L，洗脱氨基酸包括 Val、Met、lle、Leu 和 Nleu。当样品中存在氨基糖时，要延长洗脱时间以洗脱 Tyr 和 Phe。

第三种缓冲液：pH=6.45，0.2mol/L，洗脱氨基酸包括 His、Lys、Amm 和 Arg。

再生溶液：0.04mol/L 氢氧化钠。

4. 圆二色谱（CD）测试

采用 MOS-450 圆二色谱仪对柞蚕丝胶蛋白粉末进行二级结构表征。样品溶液浓度为 0.2mg/mL，电源功率 150W，氮气流量计流速为 7L/min，在 N_2 氛围下，稳定 20min，然后锁定。采样模式为 Absorbance 模式，扫描波长范围 180～260nm，扫描次数 1 次，扫描时间间隔 0.05s。

5. 热稳定性测试

采用 Q-500 同步热分析仪测定柞蚕丝胶蛋白粉末的热稳定性变化。测试条件：氮气氛围，气流流量 20mL/min，温度范围 30～600℃，升温速率 10℃/min。

6. 红外光谱（FTIR）测试

采用 Thermo Fisher Scientific Nicolet IS10 傅里叶红外光谱仪对柞蚕丝胶蛋白粉末进行结构表征。将纯净干燥的样品剪碎，并与 KBr（Sigma-Aldrich）研磨压片，测试波数范围 4000～500cm^{-1}，扫描次数 32 次，光谱分辨率为 4cm^{-1}。

第二节 柞蚕丝胶蛋白的性能分析

一、柞蚕丝胶蛋白提取率

碱脱胶机理：精确称取一定量的碳酸钠粉末，放入蒸馏水中，水浴锅加热，促进碳酸钠溶解，在溶液中产生碱性成分，溶液中的碱性成分能够与柞蚕丝胶蛋白结合形成盐，并均匀分散在溶液中。碱成分可促进柞蚕茧上丝胶蛋白的水解，提高丝胶的溶解度，最终达到脱胶的目的。当蒸馏水释放出的游离碱与丝胶蛋白相互作用时，蒸馏水中的碱度逐渐消失，因此脱胶液的 pH 可以在一定范围内保持稳定，在一定程度上减少对丝胶蛋白的破坏[1-2]。

柞蚕茧提取的丝胶蛋白提取率与碳酸钠浓度的关系曲线如图 2-2 所示。可以看出，随着碳酸钠溶液浓度的不断增大，柞蚕丝胶蛋白提取率逐渐上升，当碳酸钠溶液浓度达到 2.0% 时，丝胶蛋白提取率可达到 30% 以上，随着碳酸钠浓度的增大，丝胶蛋白提取率缓慢增加，但仍未超过 35%。这是因为丝胶蛋白占蚕丝总重量仅为 20%～30%，在脱胶过程中，可能有部分丝素发生溶解，从而使丝胶蛋白的提取率有所增加。

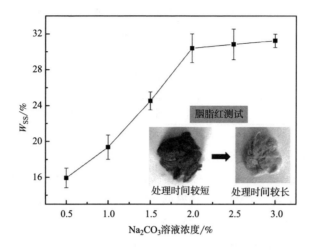

图 2-2　柞蚕丝胶蛋白提取率曲线及胭脂红测试图片

二、胭脂红测试

在脱胶过程中，对不同处理时间下脱胶过程中的柞蚕丝进行胭脂红测试，测试结果如图 2-2 中插图所示。由图可知，当处理时间较短时，经洗净后的蚕丝颜色为红色，表明脱胶未完成，随着处理时间的延长，脱胶率增大，最后经洗涤后的蚕丝变为淡黄色，表明脱胶完全。

三、氨基酸组成分析

采用氨基酸分析仪对柞蚕丝胶蛋白粉末进行氨基酸组分及含量检测，柞蚕丝胶蛋白氨基酸组分及含量测定结果见表 2-3。

表 2-3　柞蚕丝胶蛋白的氨基酸组成与含量

氨基酸名称	含量 /%	氨基酸名称	含量 /%
天门冬氨酸（Asp）	16.84	异亮氨酸（Ile）	2.14
苏氨酸（Thr）	12.60	亮氨酸（Leu）	1.41
丝氨酸（Ser）	15.45	酪氨酸（Tyr）	8.47
谷氨酸（Glu）	8.51	苯丙氨酸（Phe）	1.69
甘氨酸（Gly）	11.27	组氨酸（His）	4.30

氨基酸名称	含量 /%	氨基酸名称	含量 /%
丙氨酸（Ala）	2.35	赖氨酸（Lys）	3.13
半胱氨酸（Cys）	0.74	精氨酸（Arg）	1.92
缬氨酸（Val）	2.44	脯氨酸（Pro）	3.61
蛋氨酸（Met）	3.13	Ala、Val、Leu、Ile、Pro、Met	

由表 2-3 可知，柞蚕丝胶蛋白中富含 18 种氨基酸，主要为丙氨酸（Ala）、缬氨酸（Val）、亮氨酸（Leu）、异亮氨酸（Ile）、脯氨酸（Pro）、苯丙氨酸（Phe）、色氨酸（Try）、蛋氨酸（Met）、甘氨酸（Gly）、丝氨酸（Ser）、苏氨酸（Thr）、半胱氨酸（Cys）、酪氨酸（Tyr），赖氨酸（Lys）、精氨酸（Arg）、组氨酸（His）、天门冬氨酸（Asp）和谷氨酸（Glu）。在柞蚕丝胶蛋白中，丙氨酸、甘氨酸、酪氨酸和丝氨酸含量最多，总共约占 37.54%，其中丝氨酸占 15.45%、甘氨酸占 11.27%、酪氨酸占 8.47%、丙氨酸占 2.35%。在结构较大的氨基酸残基中，酪氨酸的含量远远高于其他芳烃残基苯丙氨酸（1.69%）。疏水氨基酸（Ala、Val、Leu、Ile、Pro、Phe、Met）约占 16.77%，亲水氨基酸中碱性氨基酸（Lys、Arg、His）约占 9.35%，酸性氨基酸（Asp、Glu）约占 25.35%。

四、圆二色谱测试

为了探究碱脱胶法对柞蚕丝胶蛋白蛋白质构象的影响，对柞蚕丝胶蛋白进行圆二色谱分析，圆二色谱分析曲线如图 2-3 所示。

圆二色谱能够测定蛋白质构象，在圆二色谱的远紫外光谱区（185～240nm），蛋白质二级结构［无规卷曲（random coil）、α- 螺旋（α-helix）、β- 折叠（β-sheet）、β- 转角（β-turn）］存在特征吸收峰，通过圆二色谱能够表征柞蚕丝胶蛋白的二级结构。α- 螺旋结构在 192nm（+）、208nm（−）、222nm（−）附近具有三个特征峰；β- 折叠结构在 195nm（+）、216nm（−）附近具有两个特征峰，β- 转角结构在 220～230nm（−）附近具有弱的特征吸收峰、在 180～190nm（−）附近具有强的特征吸收峰，在 205nm(+)具有一个特征吸收峰；无规卷曲结构在 200nm（−）、212nm（+）附近具有两个特征吸收峰[3-4]。

从图 2-3 可以看出，柞蚕丝胶蛋白溶液圆二色谱曲线在 196nm（−）出现显著的负强峰，对应柞蚕丝胶蛋白的 silk Ⅰ 无规卷曲结构，在 230nm（−）处出现较弱的负弱峰，对应柞蚕丝胶蛋白的 silk Ⅱ β- 折叠结构。由此可知，运用 Na₂CO₃ 碱提取法，从柞蚕丝中提取得到的丝胶蛋白二级结构以无规卷曲结构为主。

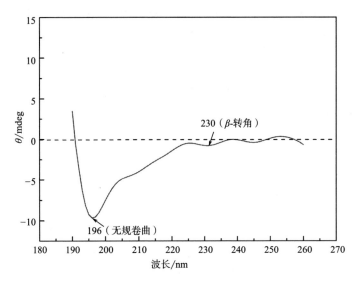

图 2-3　柞蚕丝胶蛋白圆二色谱分析曲线

五、热性能测试

为了探究碱脱胶法对柞蚕丝胶蛋白热稳定性的影响，对柞蚕丝胶蛋白进行热重分析，热重分析曲线如图 2-4 所示。

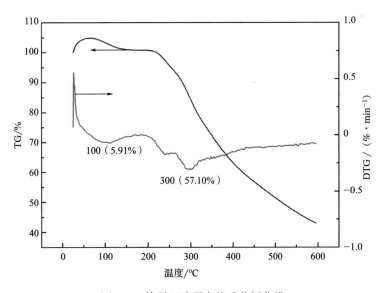

图 2-4　柞蚕丝胶蛋白热重分析曲线

图 2-4 表明，柞蚕丝胶蛋白热分解过程主要包括两个阶段，一个阶段是温度在 100℃左右，主要为残留的自由水和结晶水蒸发过程，失重率约为 5%。另一个阶段是，当温度继续升高，达到 300℃左右时，开始急剧失重，这主要是因为蛋白侧链基团断裂分解，失重率约为 70.71%。实验结果表明，经过碱脱胶后的柞蚕丝胶蛋白热分解温度在 300℃。

六、红外光谱分析

为了探究碱脱胶法对柞蚕丝胶蛋白二级结构的影响，对柞蚕丝胶蛋白进行红外光谱分析，红外光谱分析曲线如图 2-5 所示。

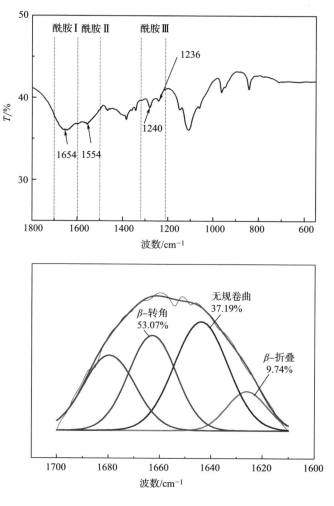

图 2-5 柞蚕丝胶蛋白红外光谱曲线图及分峰曲线图

由图 2-5 可知，蛋白质的红外光谱主要由三个酰胺带组成，酰胺 I 带（1700 ~ 1600cm^{-1}）、酰胺 II 带（1540 ~ 1520cm^{-1}）、酰胺 III 带（1270 ~ 1230cm^{-1}）[5]。表 2-4 为丝胶蛋白构象的 FTIR 特征谱带。

表 2-4 丝胶蛋白构象的 FTIR 特征谱带[6-7]

构象类型	酰胺 I /cm^{-1}	酰胺 II /cm^{-1}	酰胺 III /cm^{-1}	其他 /cm^{-1}
α- 螺旋	1650 ~ 1658	1545 ~ 1550	1220 ~ 1245	895，624
β- 折叠	1610 ~ 1630	1515 ~ 1530	1260 ~ 1270	965，700
β- 转角	1660 ~ 1690	1545	1265 ~ 1295	664
无规卷曲	1640 ~ 1650	—	1245 ~ 1270	—

丝蛋白二级结构主要包括 silk I 结构（无规卷曲，α- 螺旋，β- 转角）和 silk II 结构（β- 折叠）。酰胺 I 带（1654cm^{-1}）、酰胺 II 带（1554cm^{-1}）、酰胺 III 带（1240cm^{-1}）为 silk I 结构，酰胺 III 带（1236cm^{-1}）为 silk II 结构。具体的柞蚕丝胶蛋白粉末红外光谱酰胺带分析结果见表 2-5。

表 2-5 柞蚕丝胶蛋白粉末红外光谱酰胺带分析结果

结构	酰胺带 /cm^{-1}		
	酰胺 I 带	酰胺 II 带	酰胺 III 带
silk I	1654	1554	1240
silk II	—	—	1236

蛋白质的二级结构主要由酰胺 I 带确定，因此，现对柞蚕丝胶蛋白红外光谱酰胺 I 带（1700 ~ 1600cm^{-1}）进行分峰拟合处理并对二级结构含量进行分析。由图 2-5 可知，柞蚕丝胶蛋白具有 β- 折叠、无规卷曲和 β- 转角，且以 β- 转角为主，所占比例分别可达到 9.74%，37.19% 和 53.07%（表 2-6）。分峰拟合结果与 CD 光谱测试结果相符。

表 2-6 柞蚕丝胶蛋白各二级结构含量

二级结构		波数 /cm^{-1}	峰面积	含量 /%
结晶区	β- 折叠	1626	6.72	9.74
	β- 转角	1679	16.60	53.07
		1662	20.01	
无定形区	无规卷曲	1643	25.65	37.19
	α- 螺旋	—	—	—

第三节　本章小结

本章主要以碱脱胶法再生提取柞蚕丝胶蛋白，研究了柞蚕丝胶蛋白的制备及其性能，得出以下结论：

（1）碳酸钠浓度对柞蚕丝胶蛋白的提取率有很大的影响。随着碳酸钠溶液浓度增大，柞蚕丝胶蛋白提取率逐渐上升，当碳酸钠溶液浓度达到 2.0% 时，丝胶蛋白提取率可达到 30% 以上；随着碳酸钠浓度继续增大，丝胶蛋白提取率缓慢增加，但仍未超过 35%，这是因为丝胶占蚕丝总重量仅为 20% ～ 30%，在脱胶过程中，可能有部分丝素发生溶解，从而使丝胶蛋白的提取率有所增加。

（2）柞蚕丝胶蛋白中富含 18 种氨基酸，其中丙氨酸、甘氨酸、络氨酸和丝氨酸含量最多，总共约占 37.54%，其中丝氨酸占 15.45%、甘氨酸占 11.27%、丙氨酸占 2.35%、酪氨酸占 8.47%，在结构较大的氨基酸残基中，酪氨酸的含量远远高于其他芳烃残基苯丙氨酸（1.69%）。疏水氨基酸（Ala、Val、Leu、Ile、Pro、Phe、Met）约占 16.77%，亲水氨基酸中碱性氨基酸（Lys、Arg、His）约占 9.35%，酸性氨基酸（Asp、Glu）约占 25.35%。

（3）柞蚕丝胶蛋白圆二色谱曲线在 196nm（−）出现显著的负强峰，属于 silk Ⅰ 无规卷曲结构，在 230nm（−）处出现较弱的负弱峰，对应柞蚕丝胶蛋白的 silk Ⅱ β− 折叠结构。由此可知，Na_2CO_3 碱提取法获得的柞蚕丝胶蛋白的二级结构以无规卷曲结构为主。

（4）柞蚕丝胶蛋白热分解过程主要包括两个阶段，一个阶段是残留的自由水和结晶水蒸发过程，失重率约为 5%，失重温度在 100℃左右；另一阶段为蛋白侧链基团断裂分解，失重率约为 70.71%，失重温度在 300℃左右。

（5）柞蚕丝胶蛋白的红外光谱具有典型的酰胺带：酰胺Ⅰ带（1654cm^{-1}）、酰胺Ⅱ带（1554cm^{-1}）、酰胺Ⅲ带（1240cm^{-1}）为 silk Ⅰ 结构，酰胺Ⅲ带（1236cm^{-1}）为 silk Ⅱ结构。SS 具有 β− 折叠、无规卷曲结构和 β− 转角结构，且以 β− 转角结构为主，所占比例可分别达到 9.74%，37.19% 和 53.07%。分峰拟合结果与 CD 光谱测试结果相符。

参考文献

［1］赵晓晶. 蚕丝脱胶废水中丝胶蛋白的回收技术研究［D］. 苏州：苏州大学，

2013.

［2］蒋少军. 浅谈蚕丝脱胶技术［J］. 江苏丝绸，2007（3）: 1-3.

［3］吴明和. 圆二色光谱在蛋白质结构研究中的应用［J］. 氨基酸和生物资源，2010，32（4）: 477-480.

［4］李冬梅. 蛋白质圆二色谱解析研究［D］. 北京：中国农业大学，2001.

［5］DASH B C，MANDAL B B，KUNDU S C. Silk gland sericin protein membranes: Fabrication and characterization for potential biotechnological applications［J］. Journal of Biotechnology，2009，144（4）: 321-329.

［6］彭章川. 高性能蚕丝结构解析和素材创新［D］. 重庆：西南大学，2020.

［7］CARBONARO M，NUCARA A. Secondary structure of food proteins by Fourier transform spectroscopy in the mid-infrared region［J］. Amino Acids，2010（38）: 679-690.

第三章　生物交联法制备丝胶蛋白基纳米纤维膜的性能研究

生物交联法是指用双官能团或者多个官能团试剂与酶分子中的氨基或羧基发生反应，使酶分子相互关联，形成不溶于水的聚集体，或者使细胞间彼此交联形成网状结构。该技术具有良好的热稳定性和贮藏性、良好的操作及保存稳定性、良好的催化活性等。交联过程可分为交联剂与酶直接作用、酶吸附在载体表面上再经受交联、多功能团试剂与载体反应得到有功能团的载体，再连接酶。生物交联法在蛋白质交联中具有广泛的应用价值。本章介绍了聚环氧乙烷的基本结构、性质和应用及生物酶在纺织品中的应用现状，研究了生物交联法制备丝胶蛋白基纳米纤维膜及其性能，研究了生物交联法丝胶蛋白基纳米纤维制备工艺，考察了丝胶蛋白含量、复配比例以及生物酶含量对丝胶蛋白基纳米纤维形态的影响。

第一节　概述

一、聚环氧乙烷

聚环氧乙烷（PEO），又称聚氧化乙烯，是一种具有结晶性的水溶性高分子聚合物。PEO 为白色粉末状，其分子式为：$HO-[CH_2-CH_2-O]_n H$。当分子量小于 5kDa 时，PEO 具有溶解于有机溶剂和水溶液的两亲性。室温条件下，PEO 能与水按照任意比例共混，其浓度低时呈现黏稠的溶液，继续增大溶液浓度，PEO 水溶液便会从凝胶状逐渐向橡胶状弹性体转变。当 PEO 分子量很大时，PEO 具有一定的凝结性，溶液有相当高的黏度。PEO 无毒性并可氧化降解[1]。

PEO 可作为静电纺丝常用的辅助原料，这是因为 PEO 具有良好的可纺性，能够改善可纺性差的生物材料的可纺性。Spasova 等[2] 将 5-硝基 8-羟基喹啉钾添加到 PEO 与壳聚糖纺丝液中制备具有抗菌性能的纳米纤维毡。结果发现，纳米纤维形态良好，纤维表面光滑，无珠节，获得的纳米纤维膜具有良好的抗菌性。Hyoung 等[3] 将丝素蛋白与 PEO 按不同比例混合，利用静电纺丝的方法制备丝素蛋白/PEO 纳米纤维支架，作为细胞外基质培养人骨髓基质细胞。结果发现，获得的纳米纤维连续且无珠节，纤维直径均匀，纳米纤维支架不仅能够提供人骨髓基质细胞黏附的场所，还能够支持其更好地增殖。因此，PEO可作为一种良好的静电纺丝纳米纤维辅助原料。

PEO因具有其独特的结构，可以作为水溶性的薄膜，也可作为纺织业的上浆剂、增稠剂、絮凝剂、润滑剂、分散剂、水减阻剂，化妆品的添加剂、抗静电剂等。在对丝胶蛋白溶液进行纺丝时，加入PEO可提高纤维的抗静电性能和染色性能；不仅在纤维中加入PEO起到抗静电作用，而且在大多数高分子材料领域也有很多的功效。例如，将PEO加入热塑性树脂里面，可以得到树脂颗粒，而这里的PEO则起到了分散作用；为了增强黏结性能，水溶性胶黏剂，以PEO和酚醛树脂混合形成复合物来完成。除此之外，PEO作为生物可降解性材料，具有无毒特性，使其在医学领域中广泛应用。

二、生物酶

酶制剂催化反应的特点是专一性强，催化效率高，用量少，但是受时间及温度的影响很大。谷氨酰胺转氨酶（TG）酶的主要功能因子是谷氨酰胺转氨酶。它是一种催化蛋白质间（或内）酰基转移反应，从而导致蛋白质（或多肽）之间发生共价交联的酶，这种交联对蛋白质的性质、胶凝能力、热稳定性和持水力等有明显影响，从而改善了蛋白质的结构和功能性质。TG酶pH稳定性很好，pH在4～9时都具有很高的活性，pH在6～9时效果最好。TG酶热稳定性强，在40℃时保持稳定，高于55℃活性有所下降，高于75℃失活，最佳温度为45～55℃。TG酶广泛存在于人体、高级动物、植物和微生物中，能够催化蛋白质分子之间（或内）的交联、蛋白质和氨基酸之间的连接以及蛋白质分子内谷氨酰胺残基的水解。通过这些反应，可改善各种蛋白质的功能性质，如营养价值、质地结构、口感和贮存期等[7]。

TG酶具有专一性强，催化效率高，用量少等优点，在纺织领域中具有很广泛的应用。因TG酶能够催化蛋白质肽键中谷氨酰胺（酰基供体）和赖氨酸中伯胺（酰基受体）之间的酰基转移反应，通过分子间和分子内的ε-（γ-谷氨酸）赖氨酸异肽链桥形成蛋白质交联，使蛋白质的稳定性提高。王生等[4]为了减少羊毛在染色和蛋白酶处理中造成的损伤，采用TG酶对羊毛针织物进行整理，研究TG酶对羊毛纤维损伤的预防和修复作用。结果发现，通过TG酶能够预防和修复羊毛纤维的收缩损伤，损伤前预防和损伤后修复的羊毛纤维顶破强力最大增幅分别为8.17%和8.42%，TG酶能够预防和修复羊毛染色损伤，顶破强力最大增幅分别为8.2%和17.0%。经TG酶处理后的羊毛纤维的热降解温度提高。

刘作平等[5]为了提高羊毛织物的抗菌性能，采用谷氨酰胺转氨酶（TG 酶）催化丝胶蛋白、壳聚糖和羊毛的接枝反应，对羊毛织物进行整理。最终获得具有抗菌性的羊毛织物，整理后羊毛织物对金黄色葡萄球菌和大肠杆菌的抑菌率都大于 99%，断裂强力提高，白度有所下降。经 20 次水洗后，对金黄色葡萄球菌和大肠杆菌抑菌率分别为 86.8% 和 83.9%，说明具有很好的抗菌性能。

高璨等[6]将 TG 酶用于柞蚕丝纤维卷曲定形整理，考察了温度、时间、酶用量及超声波功率四个因素对定形效果的影响规律。结果表明，TG 酶能够对柞蚕丝纤维起到一定的卷曲定形作用，经 TG 酶处理的柞蚕丝纤维卷曲度增加幅度达 25.33%，同时卷曲回复率和卷曲弹性率分别提高了 41.61% 和 18.51%。

李红浩等[7]利用谷氨酰胺转氨酶（TG 酶）催化明胶与羊毛纤维，使其之间产生交联作用，在羊毛鳞片层与层之间形成"保护膜"状物质，羊毛织物耐皂洗色牢度提高 0.5 ～ 1.0 级，而且染色织物的防毡缩性、热稳定性和强力都得到了较好的提升。

三、静电纺丝技术

静电纺丝技术是一种特殊的纤维制造工艺，聚合物溶液或熔体在强电场中进行喷射纺丝。在电场作用下，针头处的液滴会由球形变为圆锥形，形成泰勒锥。该技术是将聚合物纺丝溶液或熔体注入注射泵内，同时在外界施加高压静电，使聚合物纺丝原液表面产生电荷，液滴表面电荷库伦斥力与液滴表面张力相反，当静电力大于表面张力时，形成带电射流，在射流喷射过程中细化，与此同时，溶剂挥发，形成聚合物纳米纤维（图 1-4）。静电纺丝技术能够制备出比表面积大、孔隙率高以及透气性好纳米纤维膜[8-10]。采用静电纺丝技术成功制备温敏性聚 N-异丙基丙烯酰胺 /2-丙烯酰胺 -2- 甲基丙磺酸纳米纤维，纤维直径在 143 ～ 197nm，利用表面能效应从宏观结构角度上构建超温敏性智能纤维[11]。由此可知，将互穿网络技术（IPN）技术和静电纺丝技术相结合，可为新型智能纺织品的诞生创造条件。

第二节　丝胶蛋白基纺丝原液制备工艺

一、实验试剂和仪器

本章采用碱提取法提取柞蚕丝胶蛋白，具体试剂和仪器见表 3-1、表 3-2。

表 3-1　主要原料及试剂

名称	规格	生产厂家
柞蚕茧	市售	—
碳酸钠	分析纯	上海国药集团试剂有限公司
胭脂红	分析纯	佛山市康能生物科技有限公司
聚乙二醇 8000	—	上海国药集团试剂有限公司
聚氧化乙烯（PEO）	40kDa	沈阳市试剂五厂
硝酸银	分析纯	天津科密欧化学试剂有限公司
透析袋	MD25-3500	Sigma-Aldrich 有限公司

表 3-2　实验仪器

名称	规格型号	生产厂家
分析天平	ME204E	美国 Mettler Toledo 公司
冷冻干燥机	FD-1C-50	北京博医康仪器有限公司
台式 pH 计	FE28	美国 Mettler Toledo 公司
电热恒温水浴锅	DF-101S	上海力辰科技有限公司
磁力搅拌器	LC-MSH-5L	上海力辰科技有限公司

二、实验操作

（一）柞蚕丝胶蛋白提取

将柞蚕茧剪成小块，放入超声波清洗器中，清洗 1h，再在 50℃烘箱中烘干，备用。精确称量 3 组柞蚕茧，每组蚕茧质量为 5.0g，分别将柞蚕茧置于浓度为 1.5% 的 Na_2CO_3 溶液中，100℃振荡 4h，取出过滤，去除不溶物，将上清液透析 48h，每 12h 换一次水，透析完成后，聚乙二醇（分子量 8000）浓缩，去除部分水分，然后放入冷冻干燥机中，冷冻干燥得到棕色粉末。

（二）聚环氧乙烷溶液制备

将三颈烧瓶、冷凝管、搅拌器连接，架设在恒温水浴锅上；然后称取 90mL 蒸馏水倒入三颈烧瓶中，打开水浴锅，将温度预热至 60℃。精确称取 10g 聚环氧乙烷倒入三颈烧瓶中。启动搅拌器，调整至适宜转速，持续搅拌 6h。搅拌结束后，拆卸三颈烧瓶，将搅拌好的 PEO 溶液倒入棕色瓶中静置。

（三）丝胶蛋白基纺丝原液制备

1. 丝胶蛋白 /PEO 纺丝原液制备

精确称取一定量的丝胶蛋白粉末，溶于蒸馏水中，配置成一定浓度的丝胶蛋白溶液，备用；然后将上述丝胶蛋白溶液与 PEO 溶液按照一定配比混合，搅拌均匀，获得丝胶蛋白 /PEO 混合纺丝原液，丝胶蛋白 /PEO 纺丝原液具体配置参数见表 3-3。

表 3-3　丝胶蛋白 /PEO 纺丝原液配置参数

序号	1	2	3	4	5	6	7	8
柞蚕丝胶蛋白 /g	0.2	0.25	0.3	0.5	0.3	0.3	0.3	0.3
10%PEO 溶液 /mL	1.0	1.0	1.0	1.0	0.5	1.0	1.5	2.0

2. 丝胶蛋白 /PEO/ 硝酸银纺丝原液制备

精确称取一定量的丝胶蛋白粉末，溶于蒸馏水中，将水温升至 90℃时，加入配置好的硝酸银溶液并搅拌，反应时间 15min，然后将温度下降到 40℃，加入 PEO 溶液，并搅拌，使其溶解，反应 60min，获得丝胶蛋白 /PEO/ 硝酸银纺丝原液，丝胶蛋白 /PEO/ 硝酸银纺丝原液具体配置参数见表 3-4。

表 3-4　丝胶蛋白 /PEO/ 硝酸银纺丝原液配置参数

序号	柞蚕丝胶蛋白 /g	0.1% 硝酸银 /mL	10%PEO 溶液 /mL
1	3.0	3	0.5
2	3.0	3	1.0
3	3.0	3	1.5
4	3.0	3	2.0

第三节　生物交联法丝胶蛋白基纳米纤维制备工艺

一、实验试剂和仪器

TG 酶（分析纯，天津科密欧化学试剂公司）；钨丝灯扫描电镜（JSM-IT100，日本电子）；静电纺丝机（FM-11 型，北京富友马科技有限责任公司）；数码显微镜［VHX-1000E，基恩士国际贸易（上海）有限公司］。

二、实验操作

（一）丝胶蛋白 /PEO 纳米纤维的制备

将接地目标物完整贴在滚轮上，然后将上述丝胶蛋白 /PEO 混合溶液吸入注射器中，并将针头接入。调整至所需转速和纺丝位置，启动静电纺丝机，待纺丝完全后关闭静电纺丝机，取出接地目标物并观察是否纺出纳米纤维和纳米纤维的纺丝程度。静电纺丝条件：外加纺丝电压 25kV，纺丝距离 15cm，注射速度 0.05mL/h。

（二）丝胶蛋白 /PEO/ 硝酸银纳米纤维制备

将接地目标物完整贴在滚轮上，然后将上述丝胶蛋白 /PEO/ 硝酸银混合溶液吸入注射器中，并将针头接入。调整至所需转速和纺丝位置，启动静电纺丝机，待纺丝完全后关闭静电纺丝机，取出接地目标物并观察是否纺出纳米纤维和纳米纤维的纺丝程度。静电纺丝条件：外加纺丝电压 25kV，纺丝距离 15cm，注射速度 0.05mL/h。

（三）生物酶交联丝胶蛋白基纳米纤维膜的制备

分别将铝箔纸、棉布放在高压静电纺丝机中，在其上制备弹性纳米纤维。分别将弹性纳米纤维放入不同浓度的 TG 酶溶液中，观察纳米纤维是否被溶解。用 TG 酶溶液对弹性纳米纤维进行交联，通过数码显微镜、扫描电镜观察纳米纤维及改性织物的表观结构。

三、性能测试

采用 JSM-IT100 型扫描电子显微镜观察柞蚕丝纤维、温敏响应性纳米纤维以及在温敏响应性柞蚕丝织物表面纤维的分布情况。

第四节　生物交联法丝胶蛋白基纳米纤维制备工艺结果及分析

一、丝胶蛋白 /PEO 纳米纤维形态分析

（一）丝胶蛋白含量对纤维形态的影响

量取 1.0mL 浓度为 10% 的 PEO 溶液，分别与质量为 0.5g、0.3g、0.25g、0.2g 丝胶蛋白粉末复配，采用静电纺丝技术制得纳米纤维，并采用数码显微镜对丝胶蛋白 /PEO 纳米纤维表观形貌进行测定，测试结果如图 3-1 所示。

由图 3-1 可知，不同浓度丝胶蛋白含量所制得的丝胶蛋白 /PEO 纳米纤维均形态良好，纤维直径均匀，表面无明显珠节。表明改变丝胶蛋白浓度对所制得纳米纤维表观形态影响并不明显。

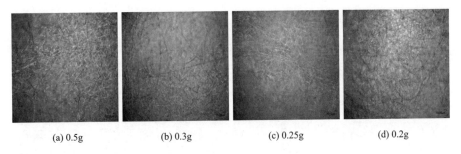

(a) 0.5g　　　　　(b) 0.3g　　　　　(c) 0.25g　　　　　(d) 0.2g

图 3-1　不同丝胶蛋白含量的丝胶蛋白 /PEO 纳米纤维表面结构

（二）聚环氧乙烷含量对纤维形态的影响

在丝胶蛋白粉末质量为 0.3g 的情况下，分别与 0.5mL、1.0mL、1.5mL、2mL 浓度为 10% 的 PEO 溶液混合制得纳米纤维，并在数码显微镜下观察其表面结构，测试结果如图 3-2 所示。

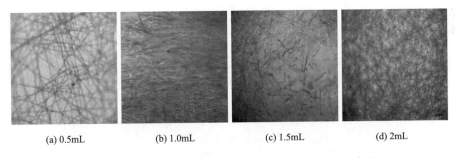

(a) 0.5mL　　　　　(b) 1.0mL　　　　　(c) 1.5mL　　　　　(d) 2mL

图 3-2　不同 PEO 含量的丝胶蛋白 /PEO 纳米纤维表面结构

由图 3-2 可知，不同用量 PEO 所制得的丝胶蛋白 /PEO 纳米纤维均形态良好，纤维直径均匀，表面无明显珠节。表明改变 PEO 用量对所制得纳米纤维的表观形态影响并不明显。

二、丝胶蛋白 /PEO/ 硝酸银纳米纤维形态分析

精确称取 3.0g 丝胶蛋白粉末，溶于 10mL 蒸馏水中，升温至 90℃时，加入 3mL 浓度为 0.1% 硝酸银溶液并不断搅拌，反应时间 15min，然后将温度下降到 40℃，分别加入浓度为 10%PEO 溶液 0.5mL、1.0mL、1.5 mL 和 2.0mL，并搅拌，使丝胶蛋白粉末溶解，反应 60min，获得丝胶蛋白 /PEO/ 硝酸银纺丝原液，采用静电纺丝技术制备丝胶蛋白 /PEO/ 硝酸银纳米纤维，具体的纤维形貌如图 3-3 所示。

由图 3-3 可知，不同用量 PEO 所制得的丝胶蛋白 /PEO/ 硝酸银纳米纤维形态均良好，纤维直径均匀，表面无明显珠节。表明发现改变 PEO 用量对所制得

纳米纤维的表观形态影响并不明显。

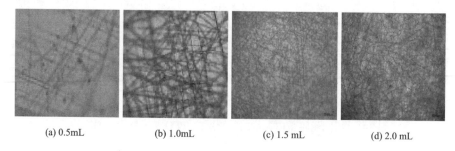

(a) 0.5mL   (b) 1.0mL   (c) 1.5 mL   (d) 2.0 mL

图 3-3　不同 PEO 含量的丝胶蛋白 /PEO/ 硝酸银纳米纤维

三、生物酶处理技术对纤维形态的影响

在选用相同质量 0.3g 丝胶蛋白粉末，1mL 浓度为 10%PEO 溶液，PEO 溶液与丝胶蛋白溶液体积比为 1∶3 的条件下，将在高压静电纺丝机上制得丝胶蛋白基纳米纤维膜分别放于铝箔纸和棉布上。用 0.025g/mL TG 酶溶液对丝胶蛋白基纳米纤维膜进行交联，在交联完成后用扫描电子显微镜对纳米纤维以及棉织物处理前后的表观形貌进行观察，测定结果如图 3-4 所示。

(a) 处理前纳米纤维   (b) 处理前纯棉织物上的纳米纤维

(c) 处理后纳米纤维   (d) 处理后棉织物上的纳米纤维

图 3-4　TG 酶处理前后丝胶蛋白基纳米纤维膜扫描电镜图片

由图3-4可知，相同浓度TG酶与丝胶蛋白基纳米纤维膜在不同介质上交联后制得的丝胶蛋白/PEO纳米纤维均形态良好，纤维直径均匀，表面无明显珠节。但是在铝箔纸上的纳米纤维交联后，纤维直径变粗，表面有明显的纳米纤维，而棉织物上的纳米纤维经处理后，在棉织物表面无明显纳米纤维。

第五节　本章小结

本章研究了生物交联法丝胶蛋白基纳米纤维制备工艺，考察了丝胶蛋白含量、复配比例以及生物酶含量对丝胶蛋白基纳米纤维形态的影响，得出以下结论：

（1）在PEO溶液浓度及含量不变条件下，不同浓度丝胶蛋白含量所制得的丝胶蛋白/PEO纳米纤维均形态良好，纤维直径均匀，表面无明显珠节。表明改变丝胶蛋白浓度对所制得纳米纤维的形态影响并不明显。

（2）控制丝胶蛋白溶液浓度一致，不同用量PEO所制得的丝胶蛋白/PEO/硝酸银纳米纤维表观形态均良好，纤维直径均匀，表面无明显珠节。表明改变PEO用量对所制得纳米纤维的形态影响并不明显。

（3）采用TG酶溶液处理丝胶蛋白基纳米纤维膜以及棉织物，不同浓度TG酶与丝胶蛋白基纳米纤维膜在不同介质上交联后制得丝胶蛋白/PEO纳米纤维形态良好，纤维直径均匀，表面无明显珠节。采用TG酶对丝胶蛋白/PEO纳米纤维交联后，纤维直径变粗，表面有明显的纳米纤维。但经过TG酶交联后，改性后棉织物表面无明显纳米纤维。

参考文献

［1］李佳. 静电纺人发角蛋白/PEO纳米纤维支架制备与性能研究［D］. 天津：天津工业大学，2015.

［2］SPASOVA M, MANOLOVA N, PANEVA D, et al. Preparation of chitosan-containing nanofibres by electrospinning of chitosan/poly（ethylene oxide）blend solutions［J］. e-Polymers, 2004, 4（1）: 624-637.

［3］JIN H J, CHEN J, KARAGEORGIOU V, et al. Human bone marrow stromal cell responses on electrospun silk fibroin mats［J］. Biomaterials, 2004, 25（6）:

1039-1047.

［4］王生，张瑞萍，申晓萍，等. TG 酶对羊毛针织物损伤的预防和修复［J］. 毛纺科技，2010，38（7）：19-24.

［5］刘作平，陈国强，邢铁玲. TG 酶催化丝胶和壳聚糖对羊毛织物的抗菌整理［J］. 毛纺科技，2015，43（6）：34-37.

［6］高璨，姚金波. 柞蚕丝纤维的 TG 酶卷曲定形整理工艺［J］. 天津工业大学学报，2010，29（5）：61-64.

［7］李红浩，闵洁. 谷氨酰胺转氨酶改性羊毛织物的皂洗色牢度［J］. 毛纺科技，2012，40（12）：37-40.

［8］HUANG Z M, ZHANG Y Z, KOTAKI M, et al. A review on polymer nanofibers by electrospinning and their applications in nanocomposites［J］. Composites Science & Technology, 2003, 63（15）：2223-2253.

［9］SUBBIAH T, BHAT G S, TOCK R W, et al. Electrospinning of nanofibers［J］. Journal of Applied Polymer Science, 2005, 96（2）：557-569.

［10］YARIN A L, KOOMBHONGSE S, Reneker D H. Taylor cone and jetting from liquid droplets in electrospinning of nanofibers［J］. Journal of Applied Physics, 2001, 90（90）：4836-4846.

［11］LIN X, TANG D, CUI W, et al. Controllable drug release of electrospunthermoresponsivepoly（N-isopropylacrylamide）/poly（2-acrylamido-2-methylpropanesulfonic acid）nanofibers［J］. Journal of Biomedical Materials Research Part A, 2012, 100（7）：1839-1845.

第四章 温敏响应性丝胶蛋白基纳米纤维制备及智能改性纺织品研究

温敏纺织材料是指对环境温度刺激具有响应性的一种智能材料，通过物理或化学方法将其与纺织品结合，赋予传统织物新颖的功能和高经济附加值。本章介绍了聚 N−异丙基丙烯酰胺和温敏响应性纺织材料的基本概念以及应用现状，重点针对温敏响应性丝胶蛋白基纳米纤维制备及智能改性纺织品制备技术进行了深入研究。主要包括温敏响应性丝胶蛋白基纳米纤维制备工艺，并将上述纳米纤维用于纺织品的智能功能改性，考察了温敏响应性高分子材料的合成机理，丝胶蛋白含量、静电纺丝技术中外加电压对温敏响应性纳米纤维形态的影响。除此之外，还探讨了不同温敏响应性纳米纤维对棉织物以及柞蚕丝织物功能整理的纺织品性能影响。通过接触角测试、热性能分析等测试手段对温敏响应性纤维以及智能改性纺织品的温敏响应性、热稳定性等进行分析。

第一节 概述

一、聚 N−异丙基丙烯酰胺

温度响应型聚合物能对环境中温度的改变做出相转变响应。当其在低于低临界溶解温度（LCST）的环境中时，聚合物是亲水的；而温度高于 LCST 时，它们则转变为疏水的。温度响应型聚合物是一类研究最多的智能响应聚合物，该类聚合物的温度响应来源于温度敏感基团，这些基团主要有酰胺、羟基、醚键等。温度响应型聚合物主要有聚 N−异丙基丙烯酰胺（PNIPAAm）、乙烯基己内酰胺（VCL）、聚醚 F127、壳聚糖、纤维素等。其中，PNIPAAm 是人们研究最多的，PNIPAAm 水溶液的 LCST 为 32℃左右，通过共聚、接枝等方法可以提高 LCST 至接近人体生理温度，使其更适用于生物医用领域。聚 N−异丙基丙烯酰胺相转变非常灵敏[1-2]，它的体积会随着微小的温度变化而变化，而这种变化是由于复杂的分子极性变化所造成的。通常这种变化在 32℃附近，而这个温度就是低临界溶解温度（LCST）[3]。因此它在人体的生理温度附近具有良好的温度敏感响应行为[4-5]。由于聚 N–异丙基丙烯酰胺对温度具有较高的敏感性，所以聚 N–异丙基丙烯酰胺水凝胶通常被用来研究智能纺织品的制造。

PNIPAAm 既有亲水性酰胺基—CONH—，又含有疏水性异丙基—CH（CH$_3$）$_2$。当温度低于 LCST 时，PNIPAAm 中的亲水基团—CONH—易于与水分子形成氢键，大分子链舒展，从而溶解在水中，溶液呈透明状；当温度高于 LCST 时，部分氢键被破坏，水分子被释放，同时，酰胺基团间形成分子内氢键，再加之疏水基团的作用，大分子链迅速卷曲，出现相分离现象，溶液呈白浊状。PNIPAAm 水溶液具有可逆相转变的特性，类似于开关功能，所以可以将 PNIPAAm 设计为分子开关，制备成智能响应材料。

聚 N–异丙基丙烯酰胺是一种众所周知的热响应聚合物，其在水溶液中低于其较低的临界溶解温度时表现出扩展的亲水链构象，在高于其较低的临界溶液温度时发生相变，形成不溶性和疏水的聚集体[6-10]。程言等[11]采用静电纺丝技术成功制备了载药 PNIPAAm/PAMPS 纳米纤维，该纳米纤维具有温敏特性，且在不同温度下纤维膜表面发生变化，对药物释放具有明显的影响。林秀玲等[12]采用静电纺丝技术制备载药 PU/PNIPAAm 芯—壳纳米纤维，该纤维在不同的温度下，表现出不同的药物释放性，达到药物控释目的。

Fernando 等[13]使用 PNIPAAm 共聚物对莱赛尔纤维（Lyocell fibres）进行接枝改性，在 PNIPAAm/lyocell 接枝共聚物溶胀行为测试中发现，莱赛尔纤维在 30 ～ 40℃会发生相转变，莱赛尔纤维获得良好的温度敏感性。Yang 等[14]采用原子转移自由基聚合方法合成 PNIPAAm，并将上述 PNIPAAm 用于对棉纤维接枝改性，发现通过 PNIPAAm 改性后的棉纤维，在控制温度变化的情况下，改性棉纤维可从超亲水状态转变到超疏水状态，此研究为功能纤维提供了广阔的应用前景。Gu 等[15]采用静电纺丝技术将 PNIPAAm/ 聚乳酸（PLLA）复合溶液制备成具有温敏响应性纳米纤维，实验结果表明，通过静电纺丝技术获得的 PNIPAAm/ 聚乳酸（PLLA）纳米纤维具有良好的温敏响应性，这也为功能性纳米纤维的研制提供较好的研究基础。

二、温敏响应性纺织材料

智能材料能感知环境变化并做出积极响应，具有模仿生命系统的新功能。目前，将智能材料与纤维材料有效结合，研发智能化纤维正受到广泛关注[16-20]不仅可以促进智能可穿戴、节能环保、信息技术和生物医学材料等产业的融合创新，而且在服用、医疗和军事等方面均具有巨大的应用价值[21]。智能调温超越了传统纺织品的单一保温功能，使皮肤温度在环境剧烈变化时始终处于舒适范围，为人体提供舒适的微气候环境[22]。智能透湿可集纺织品的防水、防风和保暖性能于一身，被誉为"可呼吸的织物"。形状记忆功能因其适用性广、响应条件易调节和回复能力可控而成为智能纤维研究的重要方面[23-24]。智能纤维材料的应用基础研究，尤其是智能调温纤维材料的研究，在特种防护、运动休闲等智能纺织品和智能服装等领域均具有巨大的应用前景[25-27]。智能调温纤维材料能够根据外界环境温度变化，从环境中吸收热量或放出纤维中储存的热量，从而在一定时间内实现温度调节功能，使皮肤温度处于舒适温度范围，达到智能调温效果[28-31]。

聚合物互穿网络（IPN）技术是一种可构建异种聚合物间的相互贯穿结构获得协同效应的技术手段，可制备出能够产生可逆膨胀和收缩的三维高聚物凝胶[32]。将温敏性聚 N–异丙基丙烯酰胺（PNIPAAm）智能水凝胶应用于棉织物上，制得超拒水性棉织物[33]。

第二节　温敏响应性丝胶蛋白基纺丝原液制备工艺

一、实验试剂和仪器

本章采用碱提取法提取柞蚕丝胶蛋白，采用原位聚合技术合成温敏响应性高分子聚合物。具体试剂和仪器见表 4–1、表 4–2。

表 4-1　实验试剂

名称	规格	生产厂家
柞蚕茧	市售	丹东市辽宁柞蚕丝研究所有限公司
碳酸钠	分析纯	上海国药集团试剂有限公司
聚乙二醇 8000	—	上海国药集团试剂有限公司
聚氧化乙烯（PEO）	40kDa	沈阳市试剂五厂
N–异丙基丙烯酰胺	98%	上海阿拉丁试剂有限公司
N, N– 亚甲基双丙烯酰胺	分析纯	上海生物科技有限公司
过硫酸铵（APS）	分析纯	上海阿拉丁试剂有限公司
N, N, N', N'–四甲基乙二胺	分析纯	上海阿拉丁试剂有限公司
透析袋	MD25–3500	Sigma–Aldrich 有限公司

表 4-2　实验仪器

名称	厂家
IJ200–4 型电子天平（精确到 0.001g）	沈阳龙腾电子有限公司
DF–101S 型集热式恒温加热磁力搅拌器	巩义市予华仪器有限责任公司
真空干燥箱 DIF–6050 型	上海精宏实验设备有限公司

名称	厂家
ZEN3600 型激光粒度仪	英国马尔文仪器有限公司
表面皿 50mm	沈阳玻璃仪器厂
量筒 100mL	沈阳玻璃仪器厂
吸量管 1mL、5mL	沈阳玻璃仪器厂
玻璃棒	沈阳玻璃仪器厂
烧杯 250mL	沈阳玻璃仪器厂
50mL 移液管	沈阳玻璃仪器厂

二、实验操作

（一）柞蚕丝胶蛋白提取

将柞蚕茧剪成小块，放入超声波清洗器中，清洗 1h，再在 50℃烘箱中烘干，备用。精确称量 3 组柞蚕茧，每组蚕茧质量为 5.0g，分别置于浓度为 1.5% 的 Na_2CO_3 溶液中，100℃振荡 4h，取出过滤，去除不溶物，将上清液透析 48h，每 12h 换一次水，透析完成后，聚乙二醇（分子量 8000）浓缩，去除部分水分，然后放入冷冻干燥机中，冷冻干燥得到棕色粉末。

（二）聚环氧乙烷溶液制备

将三颈烧瓶、冷凝管、搅拌器连接，架设在恒温水浴锅上。取 90mL 蒸馏水倒入三颈烧瓶中，打开水浴锅，将温度预热至 60℃。称取 10g 聚环氧乙烷倒入三颈烧瓶中。启动搅拌器，调整到适宜转速，持续搅拌 6h。搅拌结束后，拆卸三颈烧瓶，将搅拌好的 PEO 溶液倒入棕色瓶中静置。

（三）温敏响应性纺丝原液制备

精确称取一定量的 N–异丙基丙烯酰胺，将其加入有一定量蒸馏水的烧杯中，烧杯 40℃水浴锅中，搅拌 5min 使其充分溶解；再精确称取一定量的 N，N–亚甲基双丙烯酰胺（MBA），加入溶液中继续搅拌 10min，使其充分溶解；称取适量的过硫酸铵（APS）并将其添加到溶液中，然后将丝胶蛋白水溶液加入上述复合溶液中并继续搅拌；最后逐渐滴加浓度为 5% 的 N，N，N'，N'–四甲基乙二铵（TMEDA）溶液，常温搅拌 4h 后静置，备用。具体温敏响应性纺丝原液配置参数见表 4-3。

表 4-3　温敏响应性纺丝原液配置参数

序号	1	2	3	4	5
SS/g	0.1	0.2	0.3	0.4	0.5
NIPAAm/g	0.3	0.3	0.3	0.3	0.3

序号	1	2	3	4	5
MBA/g	0.006	0.006	0.006	0.006	0.006
APS/g	0.006	0.006	0.006	0.006	0.006
TMEDA/μL	120	120	120	120	120

第三节　温敏响应性丝胶蛋白基纳米纤维制备工艺

一、实验试剂和仪器

实验中用到的试剂和仪器见表4-4。

表4-4　实验试剂和仪器

名称	规格	生产厂家
钨丝灯扫描电镜	JSM-IT100	日本电子
静电纺丝机	FM-11 型	北京富友马科技有限责任公司
数码显微镜	VHX-1000E	基恩士国际贸易（上海）有限公司
接触角测试仪	JY-80	承德试验机有限责任公司

二、实验操作

将上述温敏响应性纺丝原液与 PEO 溶液按照比例 1 ∶ 1 进行融合，搅拌至溶液均匀混合，选用适当针头（16 号）与移液管通过胶带密封相连，使用针管在其后段密封相连，将针头插入上述溶液中利用针管将其吸出，分别在 20kV、25kV 和 30kV 电压下，纺丝距离为 15cm，注射流速为 0.03mL/h 静电纺丝条件下进行纺丝，获得温敏响应性丝胶蛋白基纳米纤维。

第四节　温敏响应性丝胶蛋白基纳米纤维对
纺织品智能改性工艺

一、实验试剂和仪器

戊二醛溶液（GA，上海五联化工厂）；棉织物，蚕丝织物（丹东柞蚕丝研究所）。

二、实验操作

将棉织物置于含蒸馏水的超声波清洗机中，在室温下预处理 0.5h，然后在空气中干燥。将丝胶蛋白 /PNIPAAm/PEO 纺丝原液装入装有 0.5mm 直径金属针的注射器中，并使用静电纺丝机在棉织物上进行静电纺丝。将上述含纳米纤维的棉织物置于室温下戊二醛蒸气密闭容器中 24h，进一步交联，制备出功能性棉织物。戊二醛显示出足够的安全性，在生物药材领域得到了很好的应用。功能性棉织物制备工艺如图 4-1 所示。

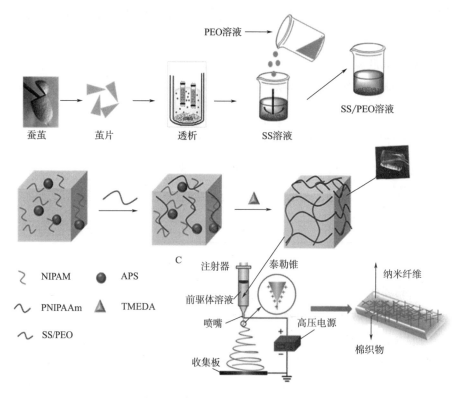

图 4-1　多功能织物的制备工艺示意图

第五节　性能测试

一、数码显微镜测试

采用数码显微镜对不同丝胶蛋白含量和不同外加电压的温敏响应性纳米纤维进行观察。

二、SEM 测试

采用 JSM–IT100 型扫描电子显微镜观察柞蚕丝织物、温敏响应性纳米纤维以及在温敏响应性柞蚕丝织物表面的纤维分布情况。

三、接触角测试

采用接触角测试仪测试温敏响应性柞蚕丝织物不同温度下的耐水性。升温范围 25 ～ 45℃，水流速为 1.0μL/s，在相对湿度为 16% 条件下进行测试，静态保持 3s 后测定。

四、不同温度下 pH 响应性测试

丝胶蛋白是一种固有的弱两亲性聚电解质，具有酸性和碱性，这使得它对pH 敏感[34,35]。考虑到响应性参数的重要方面，在不同 pH（1.0 ～ 11.0）范围内研究了丝胶蛋白 /PMIPAAm/PEO 水凝胶的溶胀行为。

五、溶胀率测试

为了确定溶胀率，干燥的样品分别在 15℃和 37℃下浸泡在不同的 pH 缓冲液中 24h，测试水凝胶的低临界溶解温度范围。膨胀试样称量质量前，必须去除其表面的水分。用 5 个样本的平均值作为最终结果。溶胀率（SR）计算如下[36]：

$$SR=\frac{W_t-W_d}{W_d}\times 100\%$$

式中：W_t 和 W_d 分别是膨胀样品和干燥样品的质量。

六、红外光谱测试

用傅里叶变换红外光谱仪（FT–IR，Tensor–37，德国柏林布鲁克）采用 KBr压片技术，测定 NIPAM、丝胶蛋白、PNIPAAm、丝胶蛋白 /PNIPAAm/PEO 纳米纤维和功能化棉织物的红外光谱，测定波数在 400 ～ 4000cm^{-1}。

第六节　温敏响应性丝胶蛋白基纳米纤维制备工艺机理及分析

一、反应机理

（一）PNIPAAm 合成机理

以 N–异丙基丙烯酰胺为单体，过硫酸铵为引发剂，攻击 N–异丙基丙烯酰胺中 C=C 双键，在 *N*, *N'*-亚甲基双丙烯酰胺交联剂的作用下，形成 PNIPAAm 高分子聚合物。PNIPAAm 合成机理如图 4-2 所示。

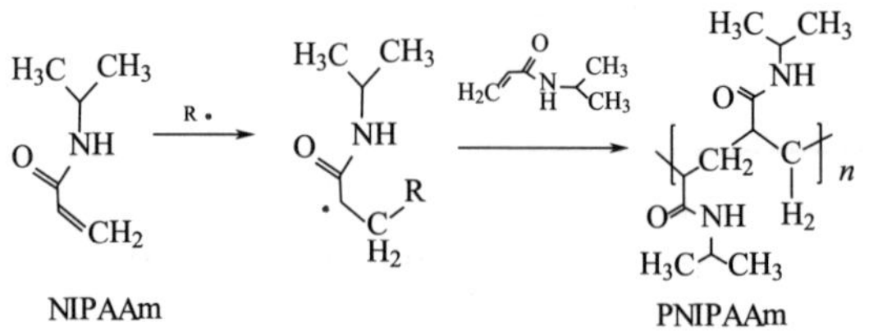

图 4-2 PNIPAAm 合成机理

（二）纺织品智能改性机理

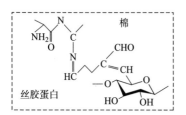

图 4-3 戊二醛交联丝胶蛋白和
棉织物交联机理图

柞蚕丝胶蛋白通过戊二醛与棉织物形成交联，交联机理如图 4-3 所示。可以看出，棉织物上的羟基（—OH）与 GA 之间发生交联反应，形成 H—C=N—。

（三）PNIPAAm 相变机理

PNIPAAm 亲水 / 疏水转化的示意图如图 4-4 所示。PNIPAAm 优先与水分子相互作用，并在低于 LCST 的温度范围内形成氢键。当温度升高到 LCST 以上时，逐渐转变为聚合物分子间的氢键。因此，由于氢键聚合物网络的存在，每个分子的迁移都受到了严格的限制。

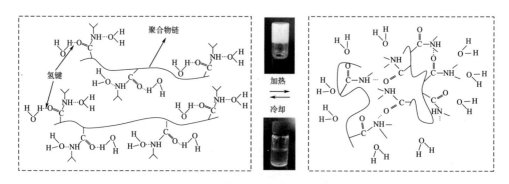

图 4-4 PNIPAAm 水凝胶的疏水—亲水相变示意图

二、丝胶蛋白含量对纳米纤维形态的影响

将 *N*-异丙基丙烯酰胺（NIPAAm）与质量为 0.1g、0.2g、0.3g、0.4g、0.5g *丝*

胶蛋白（SS）复配，在外加电压为 20kV，纺丝距离为 15cm，纺丝速度为 0.5mL/h 的纺丝条件下进行静电纺丝，获得温敏响应性丝胶蛋白基纳米纤维支架，并利用显微镜观察纳米纤维形貌，测试结果如图 4-5 所示。由图可知，各种丝胶蛋白含量条件下制得的温敏响应性纳米纤维表面均光滑，无珠节，纤维直径均匀性良好，且可形成连续长丝，这些特性不受丝胶蛋白含量的影响。

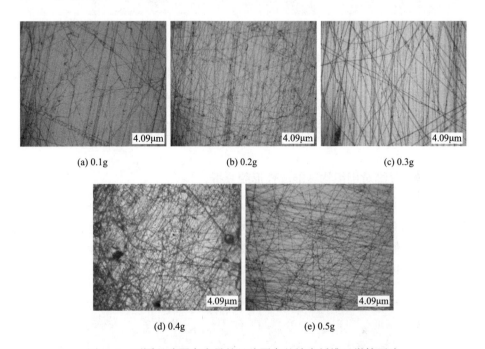

(a) 0.1g　　　　　　　　(b) 0.2g　　　　　　　　(c) 0.3g

(d) 0.4g　　　　　　　　(e) 0.5g

图 4-5　不同丝胶蛋白含量的丝胶蛋白基纳米纤维显微镜照片

三、静电纺丝外加电压对纳米纤维形态的影响

将 N-异丙基丙烯酰胺（NIPAAm）与质量为 0.5g 的丝胶蛋白复配，在外加电压为 20kV、25kV、30kV，纺丝距离为 15cm，纺丝速度为 0.5mL/h 的纺丝条件下进行静电纺丝，获得温敏响应性丝胶蛋白基纳米纤维支架，并利用显微镜观察纳米纤维形貌，测试结果如图 4-6 所示。由图可知，在丝胶蛋白用量为 0.5g，纺丝电压为 20kV 下，有空心断点出现，而且纺丝粗细不够均匀；对比纺丝电压为 30kV 时的纺丝效果，在 30kV 电压下纺丝断点和真空较少，虽然纤维粗细也不是很均匀，带有少量珠结，但可以看出在 30kV 电压下纺丝效果比在 20kV 电压下的效果好。纺丝电压为 25kV 时纺丝无序杂乱无章，粗细不均匀而且出现较多的断点，但珠结不是很多，可能是 PEO 用量比例不是最好，也可能是电压不足导致纺丝效果不好。

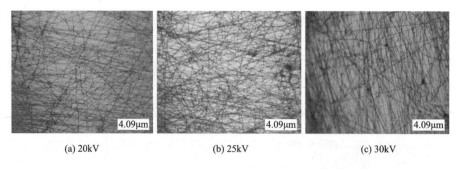

(a) 20kV   (b) 25kV   (c) 30kV

图 4-6　不同外加电压条件下丝胶蛋白基纳米纤维显微镜照片

第七节　温敏响应性纺织品制备工艺结果及分析

一、纳米纤维对棉织物智能改性形貌分析

将 *N*-异丙基丙烯酰胺（NIPAAm）/丝胶蛋白/PEO 温敏响应性纺丝原液，在外加电压为 25kV 条件下，分别以锡纸和用戊二醛处理过的棉布、棉纤维为接收装置，进行静电纺丝，获得温敏响应性纳米纤维以及温敏响应性棉织物。采用扫描电镜对上述产品进行观察，如图 4-7 ～图 4-9 所示。

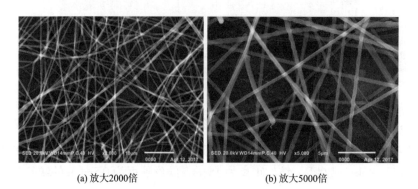

(a) 放大2000倍   (b) 放大5000倍

图 4-7　温敏响应性纳米纤维扫描电镜照片

由图 4-7 可知，纤维排列无序，粗细不匀，且纤维有少量串珠结构，有些纳米纤维出现断裂。纤维上出现串珠可能是因为纺丝溶液黏度不够，表面张力过小。纤维出现断裂可能是由于温敏材料的存在，在纺丝过程中，温敏性凝胶逐渐形成，影响了纤维成型；也可能导致喷丝口堵塞，所得纳米纤维呈扁平带状，纤维直径大小不一，分布比较不均匀，纺丝效果不是很好。

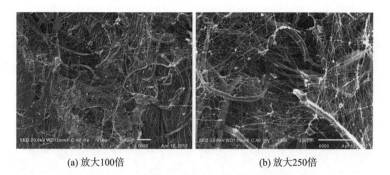

(a) 放大100倍　　　　　　　　　　　(b) 放大250倍

图 4-8　温敏响应性棉织物扫描电镜图片

由图 4-8 可知，棉织物表面覆盖一层纳米纤维膜，纳米纤维在织物上的分布杂乱无序，而且纤维的粗细也不是特别均匀，出现少量的串珠结构。这可能是因为选择了不合适的电压，增加了射流的不稳定性，使纳米纤维直径出现粗细不匀的情况；也可能是由于温敏材料的存在，在纺丝过程中，温敏性凝胶逐渐形成，影响了纤维成型，还可能导致喷丝口堵塞，所得纳米纤维呈扁平带状，纤维直径大小不一，分布比较不均匀，纺丝效果不是很好。

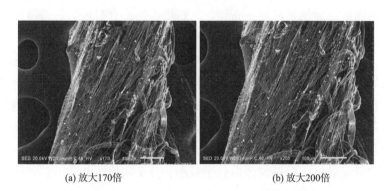

(a) 放大170倍　　　　　　　　　　　(b) 放大200倍

图 4-9　温敏响应性棉纤维扫描电镜图片

由图 4-9 可知，棉纤维表面覆盖着一层温敏响应性纳米纤维，但纤维的粗细也不匀，且出现少量的串珠结构。这可能是因为射流不稳定性，使纳米纤维直径出现粗细不匀的情况；也可能是由于温敏材料的存在，在纺丝过程中，温敏性凝胶逐渐形成，影响了纤维成型，还可能导致喷丝口堵塞，所得纳米纤维呈扁平带状，纤维直径大小不一，分布比较不均匀，纺丝效果不是很好。

二、纳米纤维对蚕丝织物智能改性形貌分析

采用戊二醛交联技术，将温敏响应性纳米纤维与柞蚕丝织物进行交联处理，

交联改性后的柞蚕丝织物表面形态如图 4–10 所示。由图 4–10（a）可以看出，纳米纤维纺丝相对比较均匀，纳米纤维比较密集。由图 4–10（b）可以看出，温敏响应性纳米纤维通过戊二醛的交联反应作用在织物表面的附着效果也较好，只是少量区域出现纳米纤维丝线与蚕丝交联。

(a) 放大100倍   (b) 放大250倍

图 4–10　温敏响应性蚕丝织物扫描电镜图片

由图 4–10 可知，柞蚕丝织物表面覆着一层形态良好的温敏响应性纳米纤维，可以看出温敏响应性纳米纤维分布均匀，纤维连续，直径均匀。通过戊二醛交联剂，可以将温敏性纳米纤维固着于柞蚕丝织物表面，且附着效果良好。

图 4–11 所示为丝胶蛋白用量为 0.3g，纺丝电压为 20kV 时，将蚕丝纤维固着在接收器上，采用静电纺丝技术直接将纳米纤维纺置在蚕丝纤维上，对蚕丝纤维进行改性。此时，温敏性纳米纤维主要通过戊二醛交联剂将温敏性纳米纤维和蚕丝纤维进行交联，可以看出蚕丝纤维表面附着纳米纤维，且纳米纤维的粗细均匀。但是纳米纤维纺丝分布不是很均匀而且有少量珠结和些许断点，这可能是由于丝胶蛋白含量较多，因丝胶蛋白分子量小，分子间缠结差，不利于静电纺丝顺

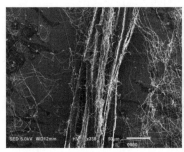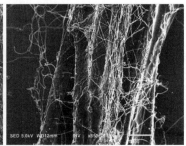

(a) 放大200倍   (b) 放大300倍

图 4–11　温敏响应性蚕丝纤维扫描电镜图片

利进行，导致纺丝不均匀、纳米纤维效果不好。

三、接触角测试

（一）接触角测试机理

图 4-12 中，若接触角 $\theta_e < 90°$，温敏性纳米纤维为亲水性，证明水滴可以润湿棉布和蚕丝，θ_e 角度越小代表纳米纤维的亲水性越优秀；如果 $\theta_e > 90°$，纺丝纳米纤维为疏水性，证明水滴很难润湿棉布和蚕丝，θ_e 角度越大代表纳米纤维的疏水性更优秀，水滴越容易在纳米纤维上移动。

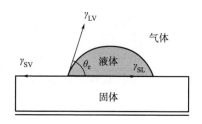

图 4-12　接触角示意图

（二）不同温度条件下测试温敏性纳米纤维的接触角

利用接触角测量仪对温敏响应性织物进行接触角测试。在测试温度分别为 20℃、30℃、40℃、50℃、70℃条件下，温敏响应性棉织物和柞蚕丝织物接触角测试结果如图 4-13～图 4-17 所示，并利用 JC2000DB 软件对其接触角角度进行测量。

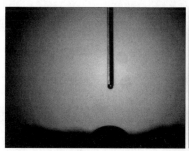 

(a) 温敏响应性棉织物　　　　　　　　　　(b) 温敏响应性蚕丝织物

图 4-13　20℃时温敏响应性织物接触角测试

 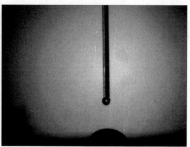

(a) 温敏响应性棉织物　　　　　　　　　　(b) 温敏响应性蚕丝织物

图 4-14　30℃时温敏响应性织物接触角测试

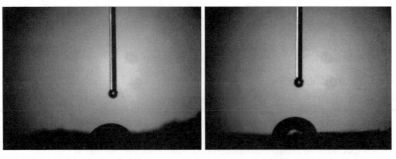

(a) 温敏响应性棉织物　　　　　　　　　　　(b) 温敏响应性蚕丝织物

图 4-15　40℃时温敏响应性织物接触角测试

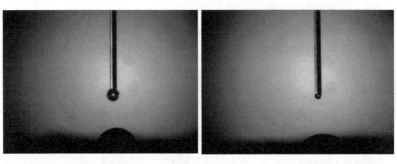

(a) 温敏响应性棉织物　　　　　　　　　　　(b) 温敏响应性蚕丝织物

图 4-16　50℃时温敏响应性织物接触角测试结果

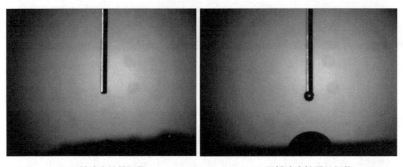

(a) 温敏响应性棉织物　　　　　　　　　　　(b) 温敏响应性蚕丝织物

图 4-17　70℃时温敏响应性织物接触角测试结果

　　由图 4-13 ~ 图 4-17 可知，在选定的 5 个温度下，棉布上的纳米纤维接触角 $\theta_e < 90°$，则其表面均表现为亲水性。蚕丝表面上的纳米纤维接触角 $\theta_e < 90°$，则蚕丝表面的纳米纤维同样均表现为亲水性。这可能是由于织物结构有空隙，影响织物表面的亲疏水性。

四、红外光谱分析

利用傅里叶变换红外光谱方法，采用 KBr 压片技术，测定了 NIPAM、丝胶蛋白、PNIPAAm、丝胶 /PNIPAAm/PEO 纳米纤维和功能化棉织物，波长在 $4000 \sim 400\mathrm{cm}^{-1}$ 的红外光谱，结果如图 4-18 所示。

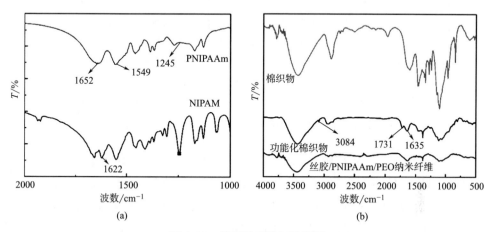

图 4-18　傅里叶变换红外光谱

图 4-18（a）显示了 NIPAM 和 PNIPAAm 粉末的傅里叶变换红外光谱，范围为 $2000 \sim 1000\mathrm{cm}^{-1}$。在 $1622\mathrm{cm}^{-1}$ 处—C＝C—峰的消失，表明 NIPAM 单体之间的 PNIPAAm 合成成功（图 4-18 中 NIPAM 线）。$1652\mathrm{cm}^{-1}$ 处的峰与 C＝O 有关，$1549\mathrm{cm}^{-1}$ 处的峰与 C—N 拉伸振动和 N—H 弯曲振动有关，$1245\mathrm{cm}^{-1}$ 处的峰与 PNIPAAm 的 C—N—H 相对应。利用红外光谱研究了丝胶蛋白 /PNIPAAm/PEO 纳米纤维与棉织物的关系。GA 分别与丝胶蛋白和棉织物发生交联反应，形成 H—C＝N—和 H—C＝C。

从图 4-18（b）中功能化棉织物的曲线可以看出，$3084\mathrm{cm}^{-1}$ 处的特征吸收带可能来自 H—C＝C 基团，这证明了棉花上的 OH 基团与 GA 之间的交联反应。$1635\mathrm{cm}^{-1}$ 处的特征吸收带对应于改性棉织物的 H—C＝N—拉伸振动。这说明丝胶蛋白与 GA 发生了交联反应。—CHO 在 $1713\mathrm{cm}^{-1}$ 处产生了一条特征带，我们知道，在得到的改性棉织物中没有额外的 GA。因此，证明 GA 可以与棉织物和丝胶蛋白进行分离反应。结果表明，戊二醛可以成为棉织物与纳米纤维交联的"桥梁"。

五、pH 响应性溶胀行为

丝胶蛋白 /PNIPAAm/PEO 水凝胶在 15℃和 37℃下，根据溶胀介质 pH 不同具有不同的溶胀率变化，具体结果如图 4-19 所示。

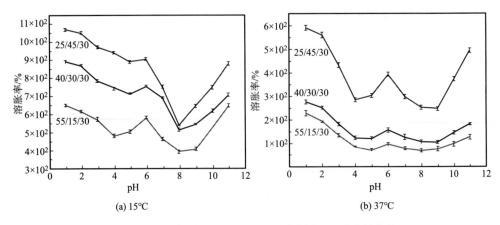

图 4-19　丝胶蛋白 /PNIPAAm/PEO 水凝胶 pH 响应性曲线

　　可以看出，所有水凝胶在 pH 测试范围内呈现相同的趋势和温度敏感性。水凝胶在 15℃时的溶胀率比 37℃时高得多，表现出温度敏感性。这主要是由于溶液温度高于 LCST（37℃）时 PNIPAAm 的网络收缩所致。丝胶蛋白 /PNIPAAm/PEO（55/15/30）水凝胶的溶胀率随温度的升高略有下降。水凝胶的最小溶胀率出现在 pH=4.0 左右。这是由于丝胶蛋白侧链的非带电和疏水形式所致。丝胶蛋白 /PNIPAAm/PEO（55/15/30）水凝胶的溶胀率随 pH 缓冲溶液 pH 低于或高于 4.0 而增大。这是因为丝胶蛋白的—NH$_2$质子化为—NH^{3+}和—COOH，使丝胶蛋白的—NH^{3+}和—COOH 向 COO$^-$带电，从而增强了互穿网络水凝胶的静电斥力。结果表明，无论水凝胶的组成如何，在 pH=4.0 和 pH=8.0 时，所有样品的溶胀率都较低。另外，在酸性或碱性条件下，有较好的溶胀率。

　　随着丝胶蛋白浓度的增加，15℃时溶胀率增加，37℃时溶胀率顺序为完全转变。随着丝胶含量的增加，—COOH 和—NH$_2$的数量增加，水凝胶的静电斥力增强。可见，丝胶蛋白 /PNIPAAm/PEO 水凝胶具有同时的 pH 和温度敏感性。改变水凝胶的混合比例是调节水凝胶平衡溶胀率和溶胀性能的有效途径。

第八节　本章小结

　　本章介绍了聚 N-异丙基丙烯酰胺（PNIPAAm）和温敏响应性纺织材料的基本概念以及应用现状，重点针对温敏响应性丝胶蛋白基纳米纤维制备及智能改性纺织品制备技术进行了深入研究，主要包括温敏响应性丝胶蛋白基纳米纤维制备工艺，并将上述纳米纤维用于纺织品的智能功能改性，考察了温敏响应性高分子材料的合成机理、丝胶蛋白含量、静电纺丝技术中外加电压对温敏响应性纳米纤维形态的影响，除此之外，还探讨了不同温敏响应性纳米纤维对棉织物以及柞蚕丝织物功能整理的纺织品性能影响。通过接触角测试、热性能分析等测试手段对温敏响应性纤维以及智能改性纺织品的温敏响应性、热稳定性等进行分析。具体结论如下：

（1）在纳米纤维形态结构研究中发现，随着丝胶蛋白含量的增加，温敏响应性纳米纤维表面光滑，无珠节，纤维直径均匀性良好，且可形成连续长丝。外加电压的增大，虽然对纤维形态有一些影响，但影响不明显，但是PEO在温敏响应性复合溶液中的含量对纤维最终形貌影响较大。当PEO含量较少时，纺丝无序杂乱无章，粗细不均匀，而且出现较多的断点；随着PEO含量的增大，纤维成形性逐渐变强，纤维表面逐渐光滑、珠节逐渐减少。

（2）纳米纤维能够用于织物改性，形成具有温敏响应性的智能织物，改性织物表面可形成一层温敏响应性纳米纤维膜，纤维排列无序，粗细不匀，且纤维有少量串珠结构，有些纳米纤维出现断裂，这可能是因为纺丝溶液黏度不够，表面张力过小，纤维最终出现珠节现象。纤维出现断裂，这可能是由于温敏材料的存在，在纺丝过程中，温敏性凝胶逐渐形成，影响了纤维成型，也可能导致喷丝口堵塞，所得纳米纤维呈扁平带状，纤维直径大小不一，分布比较不均匀。

（3）温敏响应性智能织物呈现出明显的温敏响应性，当外界温度较低时，温敏响应性智能织物表现出亲水性，但随着温度的升高，温敏响应性智能织物逐渐向疏水性转变。

（4）戊二醛作为一种交联剂，将纳米纤维与织物进行交联，通过对温敏响应性智能织物的红外光谱结果分析，纳米纤维与织物通过戊二醛交联剂成功交联。

参考文献

［1］SCHILD H G. Poly（ N –isopropylacrylamide）: experiment, theory and application［J］. Progress in Polymer Science, 1992, 17（2）: 163–249.

［2］HUANG J, HUANG Z, BAO M, et al. Thermosensitive poly（N–isopropylacrylamide –co–acrylonitrile）hydrogels with rapid response［J］. Chinese Journal of Chemical Enginneering, 2006（14）: 87–92.

［3］TOURRETTE A, GEYTER N D, JOCIC D, et al. Incorporation of poly（N–isopropylacrylamide）/chitosan microgel onto plasma functionalized cotton fibre surface [J]. Colloids & Surfaces A Physicochemical & Engineering Aspects, 2009, 352 (1–3): 126–135.

[4] GALLAGHER S, FLOREA L, FRASER K J, et al. Swelling and shrinking properties of thermo–responsive polymeric ionic liquid hydrogels with embedded linear pnipaam [J]. International Journal of Molecular Sciences, 2014 (15): 5337–5349.

[5] WARD M A, GEORGIOU T K. Thermoresponsive polymers for biomedical applications [J]. Polymers, 2011, 3 (4): 1215–1242.

[6] TAKATA S I, SUZUKI K, NORISUYE T, et al. Dependence of shrinking kinetics of poly (N–isopropylacrylamide) gels on preparation temperature [J]. Polymer, 2002, 43 (10): 3101–3107.

[7] PLENDERLEITHRA, PATEMAN C J, HAYCOCK J W, et al. RGD functionalized highly branched poly (N–isopropylacrylamide) semi–interpenetrating polymer networks (semi–IPNs) for peripheral nerve repair [J]. Journal of tissue engineering and regenerative medicine, 2012, 6 (1): 78–79.

[8] MEENA L K, RAVAL P, KEDARIA K, et al. Study of locust bean gum reinforcedyst–chitosan and oxidized dextran based semi–IPN cryogel dressing hemostatic application [J]. Bioactive materials, 2018, 3 (3): 370–384.

[9] WANG J W, KONG Y, LIU F, et al. Construction of pH–responsive drug delivery platform with calcium carbonate microspheres induced by chitosan gels [J]. Ceramics international, 2018, 44 (7): 7902–7907.

[10] 赵峰. 刺激响应性聚合物水凝胶的构建与性能研究 [D]. 济南: 齐鲁工业大学, 2021.

[11] 程言. 静电纺丝法制备温敏性 PNIPAAm/PAMPS 纳米纤维及其性能研究 [D]. 哈尔滨: 哈尔滨工业大学, 2011.

[12] 林秀玲. PU/PNIPAAm 电纺纤维的制备及硝苯地平释放行为研究 [D]. 哈尔滨: 哈尔滨工业大学, 2013.

[13] CARRILLO F, DE FA YS B, COLOM X. Surface modification of lyocell fibres by graft copolymerization of thermo–sensitive poly–N–isopropylacrylamide–science direct [J]. European Polymer Journal, 2008, 44 (12): 4020–4028.

[14] YANG H, ESTEVES A, ZHU H, et al. In–situ study of the structure and dynamics of thermo–responsive PNIPAAm grafted on a cotton fabric [J]. Polymer, 2012, 53 (16): 3577–3586.

[15] GU S Y, WANG Z M, Li J B. Switchable wettability of thermo-responsive biocompatible nanofibrous films created by electrospinning [J]. Macromolecular materials and engineering, 2010, 295 (1): 32–36.

[16] LI B, ZHONG Q, LI D P, et al. Influence of ethylene glycol methacrylate to the hydration and transition behaviors of thermo-responsive interpenetrating polymeric network hydrogels [J]. Polymers, 2018, 10 (2): 128.

[17] HU X, LU L, XU C, et al. Mechanically tough biomacromolecular IPN hydrogel fibers by enzymatic and ionic crosslinking [J]. International Journal of Biological Macromolecules, 2015, 72: 403–409.

[18] KAMOUN E A, CHEN X, ELDIN M M, et al. Crosslinked poly (vinyl alcohol) hydrogels for wound dressing applications: A review of remarkably blended polymers [J]. Arabian Journal of Chemistry, 2015, 8 (1): 1–14.

[19] LIANG Q Y, CAO T Q, WANG L L, et al. Intelligent poly (vinyl alcohol) - chitosan nanoparticles-mulberry extracts films capable of monitoring pH variations [J]. International Journal of Biological Macromolecules: Structure, Function and Interactions, 2018, 108 (1): 576–584.

[20] SCHUKAR V, KOPPE E, HOFMANN D, et al. A contribution to intelligent automatic validation of structure-integrated fibre optic strain sensors [J]. Materials Today Proceedings, 2017, 4 (5): 5935–5939.

[21] LI Y, LI Q, ZHANG C, et al. Intelligent self-healing superhydrophobic modification of cotton fabrics via surface-initiated ARGET ATRP of styrene [J]. Chemical Engineering Journal, 2017, 323: 134–142.

[22] TREGUBOV A V, SVETUKHIN V V, NOVIKOV S G, et al. A novel fiber optic distributed temperatureand strain sensor for building applications [J]. Results in Physics, 2016 (6): 131–132.

[23] MONDAL S, HU J L. Water vapor permeability of cotton fabrics coated with shape memorypolyurethane [J]. Carbohydrate Polymers, 2007, 67 (8): 282–287.

[24] LAN X, LIU L W, LIU Y J. Post microbuckling mechanics of fibre-reinforcedshape-memory polymers undergoing deformation [J]. Mechanics of Materials, 2014, 72 (5): 46–60.

[25] LI Z, HE W, XU J, et al. Preparation and characterization of in situ grafted/crosslinked polyethylene glycol/polyvinyl alcohol composite thermal regulating

fiber［J］. Solar Energy Materials & Solar Cells, 2015, 140: 193–201.

［26］MURA S, GREPPI G, MALFATTI L, et al. Multifunctionalization of wool fabrics through nanoparticles: A chemical route towards smart textiles［J］. Journal of Colloid & Interface Science, 2015, 456: 85–92.

［27］SINGH A V, RAHMAN A, KUMAR N V G S, et al. Bio–inspired approaches to design smart fabrics［J］. Materials & Design, 2012, 36: 829–839.

［28］张海霞, 张喜昌. 智能纤维的发展现状与前景［J］. 河南工程学院学报: 自然科学版, 2004, 16 (2): 61–64.

［29］HANSEN W P, GREENWALD R J, BOWMAN H F. Application of the CO_2 laser to thermal properties measurements in Biomaterials［J］. Journal of Engineering Materials & Technology, 1974, 96 (2).

［30］CHUAN–XIN H U, YANG A D, LIU Y, et al. Phase change micro–encapsulation and thermal infrared stealth coating［J］. Infrared & Laser Engineering, 2009, 38 (3): 485–488.

［31］ZHANG J, ZHAN Y, SUN G, et al. The research of temperature regulating textile used in chairs of automobile［J］. Technical Textiles, 2009.

［32］HU X, LU L, XU C, et al. Mechanically tough biomacromolecular IPN hydrogel fibers by enzymatic and ionic crosslinking［J］. International Journal of Biological Macromolecules, 2015, 72: 403–409.

［33］JIANG C, WANG Q, WANG T. Thermoresponsive PNIPAAm–modified cotton fabric surfaces that switch between superhydrophilicity and superhydrophobicity ［J］. Applied Surface Science, 2012, 258 (11): 4888–4892.

［34］AI L, HE H, WANG P, et al. Rational design and fabrication of ZnONPs functionalized sericin/PVA antimicrobial sponge［J］. International Journal of Molecular Sciences, 2019, 20 (19): 1–12.

［35］JAHANSHAHI M, KOWSARI E, HADDADI–ASL V, et al. Sericin grafted multifunctional curcumin loaded fluorinated graphene oxide nanomedicines with charge switching properties for effective cancer cell targeting［J］. International Journal of Pharmaceutics, 2019, 572: 11–14.

［36］WU W, LI W, WANG L Q, et al. Synthesis and characterization of pH–and temperature–sensitive silk sericin/poly (N–isopropylacrylamide) interpenetrating polymer networks［J］. Polymer International, 2010, 55 (5): 513–519.

第五章 远红外负离子化丝胶蛋白基纳米纤维

负离子功能性纺织品的开发，对人体健康有益，当空气中负离子含量达到一定值时，可提高人体免疫力，促进新陈代谢，利于生长发育，并可在一定程度上起到预防疾病的效果。因此，负离子功能性纺织材料的开发研究越来越受到青睐。本章综述了负氧离子、远红外以及负氧离子整理机理，并重点介绍了远红外负离子化丝胶蛋白基纳米纤维的制备及其在纺织品中的应用。研究了远红外负离子化丝胶蛋白基纳米纤维制备工艺以及对纺织品的功能整理。考察了远红外负离子含量、丝胶蛋白含量、聚环氧乙烷含量对丝胶蛋白基纳米纤维形态的影响，并通过扫描电镜、织物负离子化功能检测仪、红外光谱等对纳米纤维形貌、功能化织物的表观形貌、远红外负离子化性能以及微观大分子结构等进行测试。

第一节 概述

一、负氧离子

在自然状态下，空气分子的极性呈中性，即不带电荷。但在宇宙射线、紫外线、微量元素辐射、雷击闪电等作用下，空气分子会失去一部分围绕原子核旋转的最外层电子，使空气发生电离。逃逸原子核束缚的电子称为自由电子，带负电荷。当自由电子与其他中性气体分子结合后，就形成带负电荷的空气负离子。以上是自然现象中产生的负离子，随着人工负离子生成技术的产生和发展，目前人工产生负离子已达生态级，可产生易于进入人体的小粒径负离子[1]。

负氧离子，是指获得 1 个或 1 个以上的电子而带负电荷的氧气离子，被誉为"空气维生素"[2]。负氧离子主要通过人的神经系统及血液循环能对人的机体生理活动产生影响[3]。它能使人的大脑皮层抑制过程加强，还能调整大脑皮层的功能，因此能起到镇静、催眠及降血压作用[4]。负氧离子进入人体呼吸道后，能使支气管平滑肌松弛，解除其痉挛[5]。负氧离子进入人体血液，可使红细胞沉降率变慢，凝血时间延长，还能使红细胞和血钙含量增加，白细胞、血钙和血糖下降，疲劳肌肉中乳酸的含量也随之减少[6]。负氧离子能使人体的肾、肝、脑等组织的氧化过程加强，其中脑组织对负氧离子最为敏感。因此，负氧离子对人体的身心健康十分有益[7-8]。

负离子远红外织物是近年来新兴的一种功能纺织品[9-12]，它具有保暖功能。负离子远红外织物的加工有两大类，一种是由远红外纤维加工而成，另一种是采用后整理加工而成。负离子材料主要是从电气石和来自海底深处的矿石等天然矿物质中获得[13]。目前，主要的负离子材料包括超微粉体 JLSUN 900，用于化学纤维生产；负离子远红外浆 JLSUN 700，用于开发在织物上固着天然矿物质的整理技术，具有良好的升温作用、较好的手感、优良的耐洗牢度[14]。

二、远红外线

红外线是位于可见光和微波之间的一种电磁波，其波长范围为 0.76 ～ 1000μm。习惯上又将其分成近红外线、中红外线和远红外线三段，一般将在 4 ～ 1000μm 的红外线称为远红外线。大自然中任何物体在绝对温度以上时都会吸收或辐射电磁波。辐射是由于物体吸收热能或本身发热使分子或原子激发后，为了消除能量不均衡而使能量转移的一种过程。在红外辐射波段中，当分子中的原子或原子团从高能量的振动状态转变到低能量的振动状态时，会产生 2.5 ～ 25μm 的远红外辐射。如果辐射源是由分子的转动特性改变所引起的辐射，则发生大于 25μm 的远红外辐射。研究表明，振动光谱的能量约为转动光谱能量的 100 倍，2.5 ～ 25μm 为高载能波，特别是 8 ～ 15μm 波段的远红外线，具有较好的应用价值[15-18]，远红外线功能如下：

（一）保温功能

传统服装的保暖作用是通过阻止人体的热量向外散失而实现的，如棉絮、羽绒等。而远红外织物除上述作用外，还可以吸收外界的能量（如太阳能、人体散发的能量）并储存起来，再向人体反馈，从而使人体有温热感，提高人的体感温度。

（二）医疗保健功能

人体是一天然红外辐射源，其辐射频带很宽。无论肤色如何，活体皮肤的比发射率为 98%。人体表面的热辐射波长在 2.5 ～ 15μm，峰值波长约在 9.3μm 处，其中 8 ～ 14μm 波段的热辐射约占人体总辐射能量 46%。根据基尔霍夫定律可知，人体同时又是良好的红外吸收体，吸收波长以 8 ～ 14μm 为主，红外辐射吸收的机理是光谱匹配共振吸收，即当辐射源的辐射波长与被辐射物的吸收波长相一致时，该物体就吸收大量的红外辐射。

许多疾病与微循环障碍有关。关于红外线的生物效应，有人解释为远红外线的频率与构成生物体细胞的分子、原子间的振动频率一致，所以其能量易被生物体细胞吸收，使分子内的振动加大，活化组织细胞，促进血液循环，加速新陈代谢，提高体表血流量，有很好的温热疗效。此外，红外辐射还能使生物体分子产生共振吸收效应，在红外光子作用下，使物体的分子能级被激发而处于较高振动能级，改善了核酸蛋白质等生物大分子活性，从而发挥其调节机体代谢、增加免疫功能、改善微循环等作用。

三、负离子整理剂

负离子纺织品的开发方式主要有两种，一种是生产负离子纤维，可将电气石等其他含有微辐射的矿物质添加到化纤纺丝过程中实现共混，或对纺织品表面进行涂覆改性、共聚等；另一种是使用后整理的方法，将电气石等矿物质添加到纺织品中或用含硅溶液整理等，以达到所需功能[19-20]。

电气石是一种硬度很高的天然矿石，广泛产于我国新疆、内蒙古、云南等地，经加工后可用于化纤添加剂及织物后整理，赋予织物在室温下释放负离子的功能、远红外保暖功能以及一定的抗菌效果。电气石粉的化学成分见表 5-1。

表 5-1　电气石粉化学成分

成分	SiO_2	Al_2O_3	B_2O_3	Fe_2O_3	MgO	Na_2O	K_2O	TiO_2	CaO	其他
含量 /%	34.81	35.10	11.02	10.18	4.70	0.91	0.04	0.26	微量	2.98

利用电气石外层电子的不饱和价态和材料结构的不对称性特征，达到协同反应、激活增效，显著提高粉体的远红外发射率和负离子发生量。电气石可以诱发空气负离子，电气石存在永久性电极，与水分子作用，将水分子电离形成 H^+ 和 OH^- 离子。H^+ 会形成水合氢离子（H_3O^+）或形成 H_2，OH^- 会形成水合羟基离子 $H_3O_2^-$，$H_3O_2^-$ 散发到空气中即为空气负离子，也称为"负碱性离子"[21]。其化学方程式如下：

$$H_2O \xrightarrow{\text{电气石}} OH^- + H^+$$

$$OH^- + nH_2O \longrightarrow OH^- (H_2O)_n \quad n = 8 \sim 10$$

第二节　远红外负离子化丝胶蛋白基纺丝原液制备工艺

一、实验试剂和仪器

本章采用碱提取法提取柞蚕丝胶蛋白，具体试剂和仪器见表 5-2、表 5-3。

表 5-2　实验试剂

名称	规格	生产厂家
柞蚕茧	市售	丹东市辽宁柞蚕丝研究所有限公司
碳酸钠	分析纯	上海国药集团试剂有限公司
胭脂红	分析纯	佛山市康能生物科技有限公司
聚乙二醇 8000	—	上海国药集团试剂有限公司
聚氧化乙烯（PEO）	40kDa	沈阳市试剂五厂
负离子整理剂	分析纯	北京洁尔爽有限公司
透析袋	MD25-3500	Sigma-Aldrich 有限公司

表 5-3　实验仪器

名称	规格型号	厂家
电子天平（精确到 0.001g）	IJ200-4	沈阳龙腾电子有限公司
集热式恒温加热磁力搅拌器	DF-101S	巩义市予华仪器有限责任公司
真空干燥箱	DIF-6050	上海精宏实验设备有限公司
激光粒度仪	ZEN3600	英国马尔文仪器有限公司
表面皿	50mm	沈阳玻璃仪器厂
量筒	100mL	沈阳玻璃仪器厂
吸量管	1mL，5mL	沈阳玻璃仪器厂
玻璃棒	—	沈阳玻璃仪器厂
烧杯	250mL	沈阳玻璃仪器厂
移液管	50mL	沈阳玻璃仪器厂

二、实验操作

（一）柞蚕丝胶蛋白提取

将柞蚕茧剪成小块，放入超声波清洗器中，清洗 1h，再在 50℃烘箱中烘干，备用。精确称量 3 组柞蚕茧，每组蚕茧质量为 5.0g，分别置于浓度为 1.5% 的 Na_2CO_3 溶液中，100℃振荡 4h，取出过滤，去除不溶物，将上清液透析 48h，每

12h换一次水，透析完成后，聚乙二醇（分子量8000）浓缩，去除部分水分，然后放入冷冻干燥机中，冷冻干燥得到棕色粉末。

（二）聚环氧乙烷溶液制备

将三颈烧瓶、冷凝管、搅拌器连接，架设在恒温水浴锅上。取90mL蒸馏水倒入三颈烧瓶中，打开水浴锅，将温度预热至60℃。称取10g聚环氧乙烷倒入三颈烧瓶中。启动搅拌器，调整适宜转速，持续搅拌6h。搅拌结束后，拆卸三颈烧瓶，将搅拌好的PEO溶液倒入棕色瓶中静置，备用。

（三）远红外负离子化丝胶蛋白基纺丝原液制备

分别改变丝胶蛋白、PEO溶液、负离子剂复配比例，制备不同实验参数的远红外负离子化丝胶蛋白基纺丝原液，具体实验配制参数见表5-4。

表5-4　药品用量

序号	丝胶蛋白 /g	20%PEO 溶液 /mL	负离子剂 /mL
1	1.0	1.0	1.0
2	1.0	1.0	1.5
3	1.0	1.0	2.0
4	1.0	1.0	2.5
5	1.0	1.0	3.0
6	1.0	1.0	3.5
7	1.0	1.2	1.0
8	1.0	1.4	1.0
9	1.0	1.6	1.0
10	1.0	1.8	1.0
11	1.0	2.0	1.0
12	1.2	1.0	1.0
13	1.4	1.0	1.0
14	1.6	1.0	1.0
15	1.8	1.0	1.0
16	2.0	1.0	1.0

第三节 远红外负离子化丝胶蛋白基纳米纤维 制备工艺与性能测试

一、远红外负离子化丝胶蛋白基纳米纤维制备

（一）实验试剂和仪器（表5-5）

表5-5 实验试剂和仪器

名称	规格型号	生产厂家
钨丝灯扫描电镜	JSM-IT100	日本电子
静电纺丝机	FM-11型	北京富友马科技有限责任公司
数码显微镜	VHX-1000E	基恩士国际贸易（上海）有限公司
透气性测试仪	TEXTEST FX3300-IV	瑞士 TEXTEST
接触角测试仪	JY-80	承德试验机有限责任公司

（二）实验操作

选用适当尺寸针头（16号）与移液管通过胶带密封相连，移液管另一端用针管相连，并用密封胶带密封，然后将针头插入上述远红外负离子化丝胶蛋白基纺丝原液中，吸出纺丝原液，分别在20kV、25kV和30kV电压，纺丝距离为15cm、注射流速为0.03mL/h的静电纺丝条件下进行纺丝，获得远红外负离子化丝胶蛋白基纳米纤维。

二、远红外负离子化丝胶蛋白基纳米纤维对织物改性工艺

（一）实验试剂和仪器（表5-6）

表5-6 实验试剂和仪器

名称	生产厂家
戊二醛溶液（GA）	上海五联化工厂
棉织物，蚕丝织物	丹东柞蚕丝研究所
柔软剂，可溶性电石粉	北京洁尔爽有限公司
甲壳素，戊二醛	国药试剂有限公司
负离子检测仪	—

（二）实验操作

1. 织物预处理前准备

分别精确称量1.0g柞蚕丝织物和棉织物，置于70℃恒温水浴锅中，处理40min，取出，用蒸馏水洗涤干净后，90℃烘干，备用。

2. 整理液的制备

根据棉织物质量分别量取定量负离子整理剂、柔软剂、电气石粉、甲壳素、渗透剂JFC、醋酸、碳酸氢钠等助剂，加入不同的溶剂中，搅拌均匀，获得织物整理液，备用。

3. 织物预处理

将上述柞蚕丝织物、棉织物分别置于上述整理液中，浸泡2h，取出备用。

4. 纳米改性织物

采用静电纺丝技术，将上述整理液处理后的织物置于接收装置处，在外加电压为25kV、纺丝距离为15cm、注射流速为0.03mL/h静电纺丝条件下进行纺丝，获得远红外负离子化丝胶蛋白基纳米纤维改性织物。

三、性能测试

（一）SEM测试

采用JSM-IT100型扫描电子显微镜观察柞蚕丝织物、温敏响应性纳米纤维以及温敏响应性柞蚕丝织物表面的纤维分布情况。

（二）负离子检测

由负离子检测仪顶端的空气进气口吸入空气，由下端的空气排出口排出。用黑色的防风盖盖住顶端空气进气口，精确对准样品表面。注意要保证黑色的防风盖必须一直放置于仪器顶端空气进气口上，除非正离子"＋"与负离子"－"的读数，均大于2.00。在测量时，使用电风扇等器具，让室内的空气能够流动，使空气内离子分布均匀。开始测量离子。

第四节　远红外负离子化丝胶蛋白基纳米纤维 制备工艺结果及分析

一、远红外负离子含量对纳米纤维形态的影响

为了考察负离子含量对丝胶蛋白基纳米纤维形态及性能的影响，在保证

丝胶蛋白和PEO含量不变的条件下，分别复合1mL、1.5mL、2mL、2.5mL、3mL、3.5mL的负离子剂，采用静电纺丝技术将复合纺丝溶液制备成丝胶蛋白基纳米纤维，然后用钨丝灯扫描电镜观察纤维表面形态结构，结果如图5-1所示。

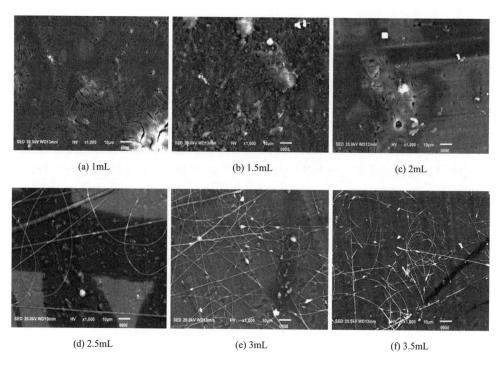

| (a) 1mL | (b) 1.5mL | (c) 2mL |

| (d) 2.5mL | (e) 3mL | (f) 3.5mL |

图5-1　不同负离子含量的纳米纤维扫描电镜图

由图5-1可知，采用静电纺丝技术将不同含量负离子剂的丝胶蛋白基纺丝溶液制备负离子化丝胶蛋白基纳米纤维。当负离子含量较少时，无法形成纳米纤维，继续增大负离子含量，逐渐形成形态良好的纳米纤维。当负离子含量达到3.5mL时，形成纤维表面光滑、无珠节、直径均匀的纳米纤维。通过扫描电镜观察发现，改变负离子剂的含量对负离子化丝胶蛋白基纳米纤维形态具有很大的影响，可通过增加负离子含量来获得形态良好的负离子化丝胶蛋白基纳米纤维。

二、丝胶蛋白含量对纳米纤维形态的影响

为了考察负离子含量对丝胶蛋白基纳米纤维性能的影响，在保证PEO和负离子剂含量不变的条件下，分别复配1.2g、1.4g、1.6g、1.8g、2g的丝胶蛋白纺丝溶液，采用静电纺丝技术将复合纺丝溶液制备成丝胶蛋白基纳米纤维，然后用钨丝灯扫描电镜观察纤维表面形态结构，结果如图 5-2 所示。

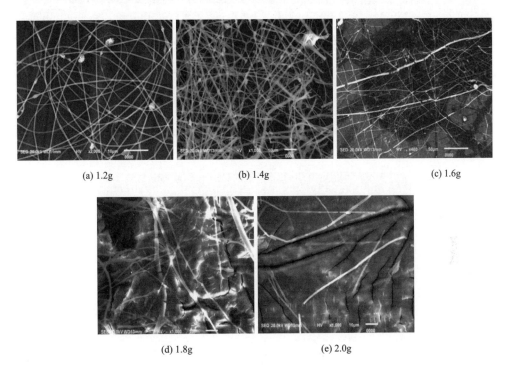

(a) 1.2g　　　　　　　(b) 1.4g　　　　　　　(c) 1.6g

(d) 1.8g　　　　　　　(e) 2.0g

图 5-2　不同丝胶蛋白含量的纳米纤维扫描电镜图

由图 5-2 可知，丝胶蛋白含量对负离子化纤维形态具有很大的影响。当丝胶蛋白含量较小时，可形成表面光滑、无珠节、连续的纳米纤维。但随着丝胶蛋白含量的增大，无法形成形态良好的纳米纤维。这是因为碱提取法获得的柞蚕丝胶蛋白分子量较小，无法形成分子间的缠结，在静电纺丝过程中无法形成连续长丝。因此，丝胶蛋白含量的增加降低了纺丝溶液的可纺性能。因此，改变丝胶蛋白的含量对所制得的纳米纤维形态影响较大，在不进行化学改性的前提下，要想制备形态良好的负离子丝胶蛋白纳米纤维，就要降低丝胶蛋白的在复配比例中的含量。

三、聚环氧乙烷含量对纳米纤维形态的影响

为了考察聚环氧乙烷（PEO）含量对丝胶蛋白基纳米纤维性能的影响，在保证丝胶蛋白和负离子剂含量不变的条件下，分别复配 1.2mL、1.4mL、1.6mL、1.8mL、2mL 的纺丝溶液，采用静电纺丝技术将复合纺丝溶液制备出丝胶蛋白基

纳米纤维，然后用钨丝灯扫描电镜观察纤维表面形态结构，结果如图 5-3 所示。

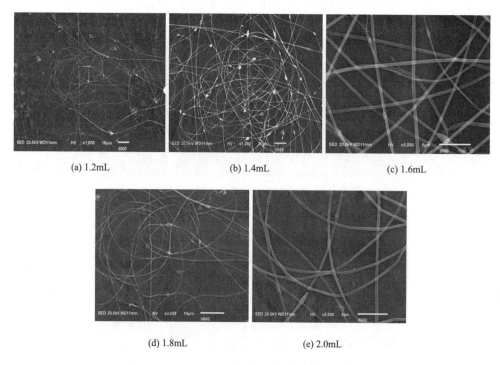

(a) 1.2mL　　　　　　(b) 1.4mL　　　　　　(c) 1.6mL

(d) 1.8mL　　　　　　(e) 2.0mL

图 5-3　不同 PEO 含量的纳米纤维扫描电镜图

　　实验结果表明，当 PEO 含量较小时形成的纤维竹节较多、直径不太均匀。随着 PEO 含量的增加，逐渐形成纤维表面光滑、无珠节、连续的纳米纤维，因此，改变 PEO 的含量对所制得的纳米纤维形态影响显著。

　　综上所述，当丝胶蛋白质量为 2g，10%PEO 溶液为 1mL，负离子剂含量为 1mL，制成的负离子化丝胶蛋白基纳米纤维形态最好。因此，下述实验均使用此配比的溶液进行实验。

第五节　远红外负离子化纺织品制备工艺结果及分析

一、纳米纤维对棉织物智能改性形貌分析

　　为了考察纳米纤维对棉织物改性后棉织物表面形态，现对改性后棉织物表面形态进行测定，结果如图 5-4 所示。

　　由图 5-4 可以看出，纳米纤维附在棉布织物表面。由之前的整理原理可知，

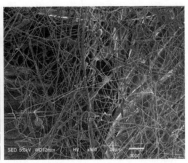

图 5-4　改性后棉织物扫描电镜照片

纳米纤维是通过戊二醛的交联反应作用在织物表面的。图中的纳米纤维在织物上的分布杂乱无序，也可以看出纤维的粗细也不是特别均匀，还出现少量的轻微串珠结构。出现此种问题的原因如下：可能是选择了不合适的电压，增加了射流的不稳定性，使纳米纤维直径出现粗细不匀的情况；可能是由于实验误差导致纺丝原液黏稠度出现微小的误差，使喷丝口易堵塞，纤维直径较小，分布区域不均匀；可能是因为纺丝时间太短，实验操作时设备会有微小的误差或者用于处理织物的戊二醛挥发消耗导致纳米纤维不能最大限度地结合在织物上，从而使纳米纤维纺丝不均匀。

二、纳米纤维对蚕丝织物智能改性形貌分析

为了考察纳米纤维对蚕丝织物改性后蚕丝织物表面形态，现对改性后蚕丝织物表面形态进行测定，结果如图 5-5 所示。

图 5-5　改性后蚕丝织物扫描电镜照片

从图 5-5 可知，用扫描电镜放大 100 倍时，可以看出纳米纤维纺丝相对比较均匀，纳米纤维比较密集，纳米纤维通过戊二醛的交联反应作用在织物表面的附

着效果也较好，只是在少量区域出现纳米纤维丝线与蚕丝交联。

三、织物负离子化功能检测

（一）负离子整理剂浓度对负离子发生量的影响

为了探究负离子整理剂浓度对整理后织物负离子发生量的影响，采用负离子检测仪对不同浓度整理剂整理后的织物进行负离子发生量检测，结果如图5-6所示。

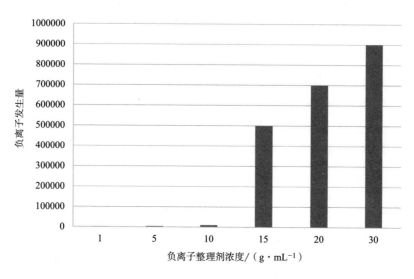

图5-6　不同负离子整理剂浓度整理后织物负离子发生量

由图5-6可知，随着负离子整理剂浓度的增加，远红外负离子化丝胶蛋白基纳米纤维改性织物负离子发生量越多，具有明显的远红外负离子性。为了考虑成本，选择负离子整理剂浓度为10g/mL的一组进行接下来的实验。在加入负离子整理剂对织物进行整理时，不难发现，负离子整理剂对负离子发生量的影响是非常显著的，随着负离子整理剂不断增多，测得织物的负离子发生量也越来越多。因此，得出结论，在对织物进行整理时，加入负离子整理剂是非常有必要的。

（二）柔软剂含量对负离子发生量的影响

柔软剂是一类能改变纤维的静、动摩擦系数的化学物质。当改变静摩擦系数时，手触摸有平滑感，易于在纤维或织物上移动；当改变动摩擦系数时，纤维与纤维之间的微细结构易相互移动，也就是纤维或者织物易变形，纤维柔软。柔软整理是印染加工中的重要后整理工序。纺织品在加工过程中，经多次处理后纺织品手感会变得粗糙，一般合成纤维织物手感更差，尤其是超细纤维织物。为了使织物具有柔软、滑爽、舒适的手感，就需要对其进行整理，目前应用广泛的是用柔软剂。此外，在化学纤维纺丝，各种纤维的纺纱、织造等过程中均大量使用柔软剂，这是因为随着纺织品加工中高速化和小浴比方式的大量使用，织物之间和织物与设备之间相互摩擦增加，易产生擦伤、条疵等现象。使用柔软剂可使纤维本身具有与加工条件相适应的柔软平滑性以避免损伤。

　　为了探究柔软剂含量对整理后织物负离子发生量的影响，采用负离子检测仪对不同含量柔软剂整理后的织物进行负离子发生量检测，结果如图5-7所示。

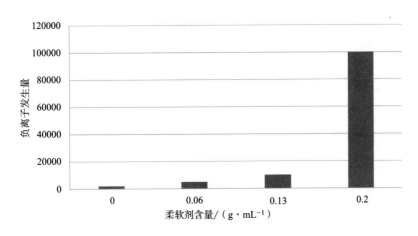

图5-7　不同柔软剂含量整理后织物负离子发生量

　　由图5-7可知，随着柔软剂含量的增加，远红外负离子化丝胶蛋白基纳米纤维改性织物负离子发生量逐渐增大。在加入柔软剂对织物进行整理时，可以发现，柔软剂的作用效果跟整理剂的作用效果大致相同，随着柔软剂的增多，所测量出的远红外负离子化丝胶蛋白基纳米纤维改性织物的负离子发生量也随之增多。综上所述，在对柞蚕丝进行整理时，加入一定剂量的柔软剂是非常要的。综合分析，选取柔软剂含量为0.06g/mL进行接下来的实验。

（三）甲壳素含量对负离子发生量的影响

　　甲壳素是一种淡米黄色至白色粉末，易溶于浓盐酸、磷酸、硫酸、乙酸，但不溶于碱及其他有机溶剂，也不溶于水。甲壳质的脱乙酰基衍生物壳聚糖不溶于水，可溶于部分稀酸。甲壳素在工业上用途很多。甲壳素被用于水和废水净化，作为食品添加剂应用到食品和药品中起增稠作用，稳定食品和药品状态。甲壳素还可以用作染料、黏合剂，甲壳素也可用于工业分离薄膜和离子交换树脂的制备。

　　为了探究甲壳素含量对整理后织物负离子发生量的影响，采用负离子检测仪对不同含量甲壳素整理后的织物进行负离子发生量检测，结果如图5-8所示。

　　由图5-8可知，甲壳素含量过高或过低，都不利于功能织物产生负离子，当甲壳素含量为 0.6g/mL 时，远红外负离子化丝胶蛋白基纳米纤维改性织物负离子发生量最多，约为 100000，负离子发生量先升后降，可以说柔软剂在一定用量下对负离子发生量起到促进效果，但是超过这个用量就会起到抑制作用，所以选取甲壳素含量为 0.6g/mL 进行接下来的实验。

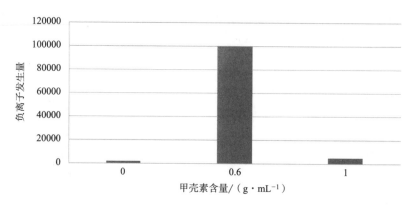

图 5-8　不同甲壳素含量整理后织物负离子发生量

（四）电石粉含量对负离子发生量的影响

电石粉的主要成分是碳化钙，纯品呈无色晶体，能够释放负离子以及远红外线，改善血液循环，作用在织物上能够提升织物的性能。

为了探究电石粉含量对整理后织物负离子发生量的影响，采用负离子检测仪对不同电石粉含量整理后的织物进行负离子发生量检测，结果如图 5-9 所示。

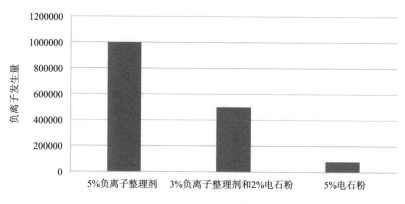

图 5-9　不同电石粉含量整理后织物负离子发生量

由图 5-9 可知，随着电石粉的不断增加，远红外负离子化丝胶蛋白基纳米纤维改性织物负离子发生量越少，电石粉会抑制柞蚕丝植物中的负离子释放。因此，应适当减少电石粉的含量。根据实验柱状图，确定取可溶性电石粉为 2% 进行接下来的实验。

（五）整理温度对负离子发生量的影响

为了探究整理温度对整理后织物负离子发生量的影响，采用负离子检测仪对不同整理温度整理后的织物进行负离子含量检测，测试结果如图 5-10 所示。

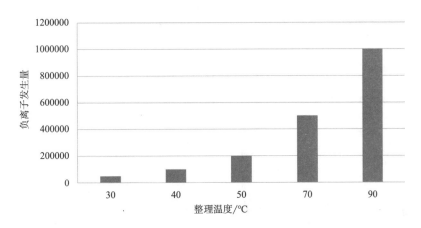

图 5-10　不同整理温度整理后织物负离子发生量

由图 5-10 可知，当整理时间相同时，整理温度越高，远红外负离子化丝胶蛋白基纳米纤维改性织物负离子发生量越多。

（六）整理时间对负离子发生量的影响

为了探究整理时间对整理后织物负离子发生量的影响，采用负离子检测仪对不同整理时间整理后的织物进行负离子发生量检测，测试结果如图 5-11 所示。

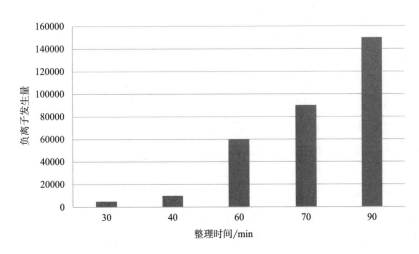

图 5-11　不同整理时间整理后织物负离子发生量

由图 5-11 可知，当整理温度相同时，整理时间越长，远红外负离子化丝胶蛋白基纳米纤维改性织物负离子发生量越多。

（七）醋酸含量对负离子发生量的影响

醋酸又名乙酸，有刺激性气味，其水溶液为一元弱酸，本次试验探究的是醋酸含量对织物的负离子发生量的影响。采用负离子检测仪对不同含量醋酸整理后的织物进行负离子发生量检测，测试结果如图 5-12 所示。

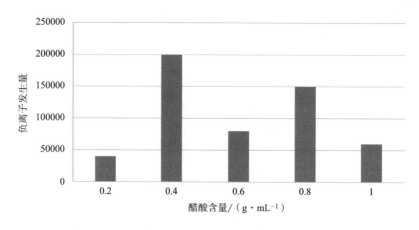

图 5-12 不同醋酸含量整理后织物负离子发生量

由图 5-12 可知，醋酸对远红外负离子化丝胶蛋白基纳米纤维改性织物负离子起到抑制作用，不同含量的醋酸对负离子的抑制程度不同，图上柱高呈波浪线状，有峰值，但是醋酸浓度低时峰值偏高。

（八）渗透剂 JFC 含量对负离子发生量的影响

渗透剂 JFC 的全称是脂肪醇聚氧乙烯醚，属非离子表面活性剂。渗透剂起渗透作用，具有固定的亲水亲油基团，在溶液的表面能定向排列，并能使表面张力显著下降。本次试验加入渗透剂 JFC，目的是加大对织物表面的渗透能力，从而探究对织物负离子发生量的影响。

为了探究渗透剂 JFC 含量对整理后织物负离子发生量的影响，采用负离子检测仪对不同含量渗透剂 JFC 整理后的织物进行负离子发生量检测，测试结果如图 5-13 所示。

由图 5-13 可知，渗透剂 JFC 对负离子发生量的影响图呈抛物线状，当渗透剂含量为 0.6g/mL 时，远红外负离子化丝胶蛋白基纳米纤维改性织物负离子发生量最多，当渗透剂更多时，反而起到抑制作用。因此，在以后的实验中要适量加入渗透剂。

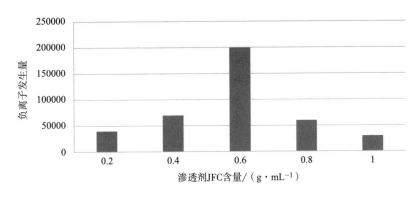

图 5-13　不同渗透剂 JFC 含量整理后织物负离子发生量

（九）碳酸氢钠含量对负离子发生量的影响

碳酸氢钠，化学式 $NaHCO_3$，俗称小苏打，为白色细小晶体，在水中的溶解度小于碳酸钠。它也是一种工业用化学品，在 50℃以上开始逐渐分解生成碳酸钠、二氧化碳和水，270℃时完全分解。碳酸氢钠是强碱与弱酸中和后生成的酸式盐，溶于水时呈现弱碱性。此特性可使其作为食品制作过程中的膨松剂。碳酸氢钠在作用后会残留碳酸钠，使用过多会使成品有碱味。本次试验通过加入碳酸氢钠，利用其水溶液成弱碱性，从而实现在碱性条件下对织物进行整理，并探究其影响效果。

为了探究碳酸氢钠含量对整理后织物负离子发生量的影响，采用负离子检测仪对不同含量碳酸氢钠整理后的织物进行负离子发生量检测，测试结果如图 5-14 所示。

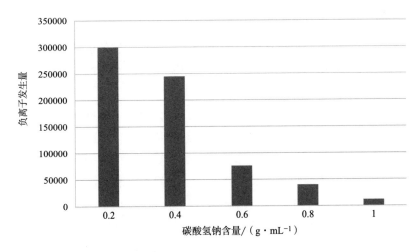

图 5-14　不同碳酸氢钠含量整理后织物负离子发生量

由图 5-14 可知，随着碳酸氢钠含量的增加，远红外负离子化丝胶蛋白基纳米纤维改性织物负离子发生量逐渐减小，碳酸氢钠对柞蚕丝织物的负离子发生量起到抑制作用，这是因为在试验过程中产生白色的碳酸钙沉淀，其反应方程式为：

$$CaC_2+2H_2O \!=\! Ca（OH）_2+C_2H_2$$

$$Ca（OH）_2+2NaHCO_3 \!=\! CaCO_3（沉淀）+Na_2CO_3+2H_2O$$

因为本次试验是探究碳酸氢钠对织物的影响，虽然发生化学反应，但是不会影响到整体的实验结果，所以可以准确得出结论，在碱性整理条件下是抑制织物负离子发生量的。

第六节　本章小结

本章介绍了负离子、远红外以及负离子整理机理，并重点介绍了远红外负离子化丝胶蛋白基纳米纤维的制备及其在纺织品中的应用。研究了远红外负离子化丝胶蛋白基纳米纤维对纺织品的功能整理。考察了远红外负离子含量、丝胶蛋白含量、聚环氧乙烷含量对丝胶蛋白基纳米纤维形态的影响，并通过扫描电镜、织物负离子化功能检测仪、红外光谱等测试纳米纤维形貌、功能化织物的表观形貌、远红外负离子化性能以及微观大分子结构等。具体结论如下：

（1）在纳米纤维制备方面，丝胶蛋白基纺丝溶液中 PEO 和负离子含量的增大有利于形成形态良好、直径均匀、表面无明显珠节的负离子化丝胶蛋白基纳米纤维。但增大丝胶蛋白的含量不利于纤维的形成。

（2）采用扫描电镜对整理后的织物进行观察，将远红外负离子化丝胶蛋白基纳米纤维用于改性棉织物和柞蚕丝织物，可以看出，改性后的织物表面附着一层形态良好的纳米纤维，纳米纤维分布均匀密集。

（3）在织物负离子化检测中，可以看出，增大负离子整理剂浓度、柔软剂浓度，提高整理温度和整理时间，均会改善远红外负离子化丝胶蛋白基纳米纤维改性织物负离子含量，但电石粉含量和碳酸氢钠含量的增加会抑制远红外负离子化丝胶蛋白基纳米纤维改性织物负离子的产生，而渗透剂和醋酸的用量在一定范围内，可促进远红外负离子化丝胶蛋白基纳米纤维改性织物负离子产生，超出一定范围会产生相反的抑制作用。

参考文献

［1］范琪林. 负氧离子及其应用分析［J］. 技术与市场，2015（11）：160.

［2］萧更. 空气维生素—负氧离子内墙杀菌保健腻子［J］. 建筑工人，2004（2）：58.

［3］李双，周腾飞，孙艳新. 天然负氧离子对老年高血压病的临床疗效［J］. 中国疗养医学，2014，23（1）：20–21.

［4］刘阳，常青，李轩. 探讨天然负氧离子对慢性失眠疗养员的治疗［J］. 按摩与康复医学，2012，3（11）：396–397.

［5］闫晗. 空气负氧离子联合负荷呼吸训练对老年慢性阻塞性肺疾病患者依从性、肺功能的影响［J］. 医学理论与实践，2020，33（24）：4215–4217.

［6］陶名章，李慧，陈少周，等. 人工空气负氧离子对高脂血症的临床疗效研究［J］. 中国医药导报，2011，8（11）：37–39.

［7］侯嘉亮. 绿地、负氧离子与健康［J］. 祝您健康，2003（11）：42.

［8］孙玉传. 负氧离子与人类健康［J］. 家庭医学，1996（24）：34.

［9］杨露，薛涛，孟家光，等. 3D打印柔性服装面料的负离子功能整理及其性能［J］. 纺织学报，2021，42（8）：102–108.

［10］毕鹏宇，陈跃华，李汝勤. 负离子纺织品及其应用的研究［J］. 纺织学报，2003，24（6）：99–101.

［11］张艳，陈跃华，陈杰华，等. 负离子纺织品的研究与应用［J］. 上海纺织科技，2002，30（5）：52.

［12］李晨霞，张技术. 负离子功能纺织品的研究进展［J］. 纺织科技进展，2020（6）：5–8，11.

［13］金万慧，何力，梅帆. 纺织品常用纳米整理剂的气溶胶质谱定性检测［J］. 棉纺织技术，2021，49（1）：40–43.

［14］邵敏，王进美. 负离子纺织品的开发与应用［J］. 纺织科技进展，2008（4）：4–6.

［15］梁翠，郑敏. 远红外纳米纺织品的性能测试［J］. 纺织学报，2013，34（9）：49–52，57.

［16］曹徐苇，范雪荣，王强. 远红外纺织品发展综述［J］. 印染助剂，2007，24（7）：1–5.

［17］毛雷，窦玉坤，王林玉. 远红外保健及加热技术在纺织行业中的应用［J］. 现代纺织技术，2006，14（5）: 53-55，58.

［18］沈兰萍，李一玲，范立红，等. 远红外多功能保健纺织品的研制开发［J］. 现代纺织技术，2000，8（2）: 6-8.

［19］刘宇，王丽莉，王琪. 纺织品负离子发生量检测方法分析［J］. 中国纤检，2021（5）: 56-58.

［20］史书真. 纯棉织物的负离子功能性整理方法研究［D］. 青岛：青岛大学，2015.

［21］李梅，吕世静. 负离子远红外功能整理剂在针织物上的应用［J］. 针织工业，2006（7）: 47-48.

第六章　抗菌性丝胶蛋白基纳米纤维

随着人们生活水平和社会文明程度的提高，人们对卫生保健纺织纤维新材料的追求日益明显。因此，具有抗菌性能的纤维纺织新材料的研究与开发日趋活跃。本章介绍了丝胶蛋白基抗菌材料以及常用抗菌剂纳米银的研究现状，并重点研究了抗菌性丝胶蛋白基纳米纤维制备工艺，考察了抗菌剂浓度、静电纺丝外加电压对纳米纤维形态的影响，并通过粒径分析仪、抗菌性能等对抗菌性丝胶蛋白基纳米纤维进行评价。

第一节　概述

一、纳米银的抗菌机理

纳米银是指粒径尺寸在 100nm 范围内的银颗粒。纳米银具有抑菌、抗菌、杀菌的功效，能有效杀死和抑制多种微生物细菌，因此具有防霉、防臭的功能。

对纳米银的抗菌机理，研究者们有不同看法。有的研究者认为，Ag^+ 能够通过静电力与细菌产生相互作用，Ag^+ 一方面能够影响细菌细胞壁上肽聚糖的合成，另一方面通过与细菌胞膜蛋白结合，使细胞壁的完整性遭到破坏，进而提高细菌的渗透性，使胞内物质外渗，最终造成细菌死亡。也有研究者们认为，Ag^+ 透过细胞膜进入菌体内部，与酶蛋白的巯基迅速结合，阻断细菌的呼吸系统，或者与细菌 DNA 碱基结合，进而干扰并破坏细菌蛋白质和核酸的正常功能[1]。

纳米银抗菌杀菌具体步骤：

（1）纳米银颗粒与病原菌的细胞膜（壁）结合进入菌体。

（2）迅速与氧代谢酶的巯基结合，使病原菌呼吸酶失活。

（3）病原菌呼吸代谢被阻断，窒息而死。

（4）细菌细胞膜破裂，纳米银从病原体中释放出来。

二、纳米银的合成方法

纳米银的合成是纳米技术的一个重要方面。纳米银的大小、结构及其相应的物理、化学和生物性质都与其合成方法紧密相关，因此，纳米银有较多的合成方法[2]。一般来说，纳米银的合成方法可分为物理合成法、化学合成法和绿色合成法。

（一）物理合成法

纳米银物理合成法主要包括机械研磨法、溅射法、激光消融法和微波还原法。物理合成法合成速度快，不涉及有毒化学物质，合成的纳米银粒径分布较窄。但这种方法对仪器设备要求较高，合成过程能耗高，生产费用昂贵。

（二）化学合成法

化学合成法又可分为化学还原、电化学技术、热解和辐射辅助化学方法[3]。纳米银的化学还原通常需要金属前体、还原剂和稳定剂/封顶剂三种主要成分。向银前体中加入硼氢化钠、柠檬酸钠、抗坏血酸、酒精以及肼化合物等还原剂将其还原为单质银[4]，单质银随后生长为银颗粒，通常在制备过程中还要加入一定量的聚乙二醇、硫醇类衍生物、苯胺、长链胺和表面活性剂等稳定剂或分散剂，以降低银颗粒的团聚。此类方法常用的化学试剂对人体和环境都有一定程度的危害，部分稳定剂和分散剂甚至具有致病性。

（三）绿色合成法

绿色合成法是一种消耗低、污染小、简单的纳米银合成技术。主要包括两类，一类是微生物还原法[5]，即在细胞内，利用细菌、真菌和放线菌等微生物的生物活性（如细胞外表面上的官能团或生物酶催化作用），将银离子还原为纳米银。常用的细菌有地衣芽孢杆菌、克雷白杆菌等，真菌有曲霉菌、尖孢镰刀菌等；另一类是天然材料还原法，即用植物及其提取物、还原性糖或氨基酸等材料还原并稳定纳米银颗粒。有研究表明，利用葡萄糖、淀粉作为还原剂和稳定剂可制备纳米银[6]。蛋白质能还原纳米银是因为其中特定氨基酸如天门冬氨酸和谷氨酸残基中的羧基，以及酪氨酸残基中的羟基发挥了还原作用[7]。丝胶蛋白中富含谷氨酸、天门冬氨酸、丝氨酸和酪氨酸，这为丝胶蛋白还原纳米银提供了基础。

三、纳米银的应用

纳米银比表面积较大，表面活性极高，能与细菌充分接触，使用极少的量就能使细菌、真菌、酵母菌等微生物的生长和繁殖保持较低水平，对病毒也有明显的杀灭作用，抗菌效果是传统银系抗菌剂无法比拟的，其在抗菌的持久性、高效性、广谱性和耐高温等众多方面有着明显的优势[8-9]。此外，纳米银还具有抗炎效果，可以抑制肿瘤坏死因子和白介素的表达，刺激炎性细胞的凋亡。因其具有超强的抗菌能力，纳米银已被广泛地应用于建筑涂料、陶瓷、塑料、纺织品、纸制品、环境净化、卫生、医疗、医药、保健、化妆品等各个领域。纳米银的生物安全性逐渐受到重视，目前一些研究发现纳米银有明确的安全用量，若超量使用则会发生中毒[10-11]。

纳米银在纺织服装领域有着广泛的应用，可用于纤维、面料、内衣、T恤、针织衫、袜品、护膝、床上用品等。随着人们生活水平的提高，以及对健康纺织品的逐渐了解，生态环保并且具有抗菌功能的纳米银纺织品市场前景非常看好[12-16]。

四、纳米银的生物安全性

有研究表明，用一定浓度的聚合物封端的纳米银在具有很高的抗菌功效时对哺乳动物细胞没有毒性[17]。Jena 等[18]研究发现，壳聚糖封端的 AgNPs 对绿脓杆菌、伤寒沙门氏菌和金黄色葡萄球菌表现出抗菌活性的浓度，对小鼠巨噬细胞系没有表现出细胞毒性。Tian 等[19]证明纳米银可以通过调节细胞因子来调节烧伤损伤后的局部和全身的炎症反应，其应用可为临床上实现创面无瘢痕愈合提供一个有效的治疗新方向。Xue 等[20]进一步研究证明，AgNPs 通过促进角质细胞增殖和迁移，以及促进成纤维细胞向肌成纤维细胞分化，从而促进伤口愈合。Pallavicini 等[21]将果胶作为还原剂和稳定剂，制得被果胶包被的球形 AgNPs、AgNPs 对大肠杆菌和表皮葡萄球菌具有优异的杀菌活性，并且促进了正常人类皮肤成纤维细胞的增殖和模型培养物上的伤口愈合。

但是，目前学术界基本认同纳米银具有细胞毒性。影响纳米颗粒生物安全性的因素较多，包括纳米颗粒的大小形状、化学组成、表面电荷、溶解性以及生物位点等[22]。Braydich-Stolle[23]研究发现，纳米银对哺乳动物细胞的线粒体功能造成损伤并引起乳酸脱氢酶水平偏高。Takenaka[24]研究发现，纳米银可在体内发生迁移，蓄积在肾、肝、脾、心脏等多个器官中引起病变。纳米银具有浓度依赖性的细胞毒性，所以，使用纳米银需要衡量其与浓度有关的毒性以及抗菌、抗炎效果，找到适合的无毒性浓度和最佳抗菌效果之间的契合点是将纳米银应用于抗菌敷料的关键。

目前，我国有关纳米银的安全风险评估指标尚未确立。尽管许多研究者对纳米银的生物安全性比较担忧，但相比放弃纳米银的应用，研究者更致力于开发克服其问题的方法。通过研究纳米银的生物安全性作用机制，采取有效的措施，掌握其所引起的剂量—效应关系，以便控制和改善其毒性。因此，近年来，对改变纳米颗粒的粒径、改进材料加入的方法、调整材料的含量等研究越来越受到广大研究者的关注，以期对纳米颗粒进行改良，获得理想的抗菌材料。

第二节　抗菌性丝胶蛋白基纺丝原液制备工艺

一、实验试剂和仪器

本章采用碱提取法提取柞蚕丝胶蛋白，具体试剂和仪器见表6-1，表6-2。

表6-1　主要原料及试剂

名称	规格	生产厂家
柞蚕茧	市售	—
碳酸钠	分析纯	上海国药集团试剂有限公司
次亚磷酸钠	分析纯	上海国药集团试剂有限公司
柠檬酸	分析纯	上海国药集团试剂有限公司
聚环氧乙烷（PEO）	40kDa	沈阳市试剂五厂
硝酸银	分析纯	上海国药集团试剂有限公司
聚乙二醇	8000	上海国药集团试剂有限公司
透析袋	MD25-3500	Sigma-Aldrich 有限公司

表6-2　实验仪器

名称	规格型号	生产厂家
分析天平	ME204E	美国 Mettler Toledo 公司
冷冻干燥机	FD-1C-50	北京博医康仪器有限公司
台式 pH 计	FE28	美国 Mettler Toledo 公司
电热恒温水浴锅	DF-101S	上海力辰科技有限公司

二、实验操作

（一）柞蚕丝胶蛋白提取

将柞蚕茧剪成小块，放入超声波清洗器中，清洗 1h，再在 50℃烘箱中烘干，备用。精确称量 3 组柞蚕茧，每组蚕茧质量为 5.0g，分别将柞蚕茧置于浓度为 1.5% 的 Na_2CO_3 溶液中，100℃振荡 4h，取出过滤，去除不溶物，将上清液透析 48h，每 12h 换一次水，透析完成后，聚乙二醇（分子量 8000）浓缩，去除部分水分，然后放入冷冻干燥机中，冷冻干燥得到棕色粉末。

精确称取 13g 柞蚕丝胶蛋白粉末，0.2g 氢氧化钠，0.5g 次亚磷酸钠，0.5g 柠檬酸，13mL 的蒸馏水，制得丝胶蛋白溶液，通过蒸馏瓶在 60℃加热 60min，获得丝胶蛋白溶液。

（二）聚环氧乙烷溶液制备

将三颈烧瓶、冷凝管、搅拌器连接，架设在恒温水浴锅上。取 90mL 蒸馏水倒入三颈烧瓶中，打开水浴锅，将温度预热至 60℃。称取 10g 聚环氧乙烷倒入三颈烧瓶中。启动搅拌器，调整适宜转速，持续搅拌 6h。搅拌结束后，拆卸三颈烧瓶，将搅拌好的 PEO 溶液倒入棕色瓶中静置。

（三）纺丝溶液制备

1. 前载银丝胶蛋白基纺丝原液制备

丝胶蛋白载银溶液由于本身所具有的凝胶特性，导致在纳米制备期间的可纺性能差，所以可以加入聚环氧乙烷也就是 PEO 进行混合纺丝。按体积比 7 ∶ 3 的比例在烧杯中分别加入丝胶蛋白载银溶液和 PEO，用玻璃棒缓慢搅拌，均匀为止，之后进行制备纳米纤维的准备。并且每次取硝酸银 40μL 分 10 次加入丝胶蛋白溶液中，这样就得到所需的静电纺丝溶液，选择的硝酸银溶液浓度分别为 0.005%、0.01%、0.012%，得到含有不同浓度的载银丝胶蛋白溶液。

2. 后载银丝胶蛋白基纺丝原液制备

将丝胶蛋白溶液与聚环氧乙烷（PEO）按照体积比 7 ∶ 3 的比例加入烧杯中，用玻璃棒缓慢搅拌，均匀为止。取出戊二醛溶液分别放置于 5 个容量瓶中，分别稀释为 0.01%、0.1%、0.5%、1%、2.5% 浓度，按丝胶蛋白溶液与戊二醛的比例 7 ∶ 3 在丝胶溶液中加入戊二醛，同样缓慢搅拌，均匀为止，备用。具体配制见表 6–3。

表 6-3 共混纺丝液配制

样品	丝胶蛋白 /mL	PEO/mL	柠檬酸 /g	$NaH_2PO_2 \cdot H_2O$ /g	NaOH /g	$AgNO_3$ /%
前载银共混纺丝溶液	2.1	0.9	0.5	0.5	0.1	0.005
	2.1	0.9	0.5	0.5	0.1	0.01
	2.1	0.9	0.5	0.5	0.1	0.02
SS/PEO 共混纺丝溶液	2.1	0.9	0.5	0.5	0.1	0
	2.1	0.9	0.5	0.5	0.1	0
	2.1	0.9	0.5	0.5	0.1	0

第三节　抗菌性丝胶蛋白基纳米纤维制备工艺

一、实验仪器

实验中用到的仪器型号和厂家见表 6-4。

表 6-4　实验仪器

名称	规格型号	生产厂家
钨丝灯扫描电镜	JSM-IT100	日本电子
静电纺丝机	FM-11 型	北京富友马科技有限责任公司

二、实验操作

（一）前载银纳米纤维膜及丝胶蛋白 /PEO 纳米纤维膜制备

将上述共混纺丝液分别吸入带有金属针头的 5mL 注射器内，并将注射器固定在微量注射推力泵上，与高压电源正极相连，将接收装置覆盖铝箔并与地线连接。纺丝液在电场力的作用下形成射流，射流在喷射过程中溶剂挥发、固化沉积在铝箔上，分别形成前载银纳米纤维膜和丝胶蛋白 /PEO（SS/PEO）纳米纤维膜。静电纺丝条件：外加电压为 30kV，接收距离为 15cm，注射速度为 0.5mL/h。

（二）后载银纳米纤维膜制备

将上述 SS/PEO 纳米纤维膜（5cm × 5cm）放入含有定量的 $AgNO_3$ 乙醇溶液中进行后载银处理 10min 后，制得后载银纳米纤维膜，具体纳米纤维制备流程如图 6-1 所示。

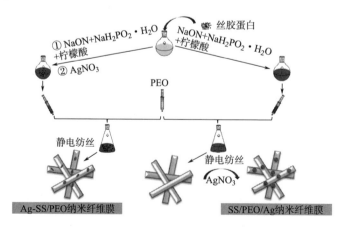

图 6-1　载银纳米纤维制备流程示意图

第四节　性能测试

一、SEM 测试

采用 JSM-IT100 型扫描电子显微镜对柞蚕丝织物、温敏响应性纳米纤维以及改性柞蚕丝织物表观形态结构进行分析。

二、FTIR 分析

利用傅里叶变换红外光谱测试纳米纤维膜微观结构，测量波数范围为 $4000 \sim 400 \mathrm{cm}^{-1}$。

三、粒径分析

采用马尔文 ZEN3600 激光粒度仪对载银丝胶蛋白基纺丝原液进行测定。分别取不同含量的载银丝胶蛋白基纺丝原液，所有测试样品均在室温下进行，每个样品重复测试三次，取平均值。

四、XPS 光电子能谱分析

采用光电子能谱对前载银和后载银纳米纤维膜中纳米银颗粒形态进行测试。

五、XRD 光谱分析

采用 X 射线衍射光谱测试纳米纤维结晶结构。测试条件：氮气保护条件下，Cu 靶（λ=0.1546nm），2θ 扫描范围为 5°～ 40°，操作电压为 40kV，电流为 40mA。

六、抗菌性测试

本研究选用革兰氏阴性大肠杆菌和革兰氏阳性金黄色葡萄球菌作为测试菌种。采用振荡烧瓶法定量测试前载银纳米纤维膜和后载银纳米纤维膜的抗菌性。

（一）实验试剂及仪器

研究选用的主要原料及试剂和实验仪器见表 6-5，表 6-6。

表 6-5　主要原料及试剂

名称	规格	生产厂家
氯化钠（NaCl）	分析纯	上海国药化学试剂有限公司
氯化钾（KCl）	分析纯	上海国药化学试剂有限公司

续表

名称	规格	生产厂家
磷酸氢二钠（Na₂HPO₄·12H₂O）	分析纯	上海国药化学试剂有限公司
磷酸二氢钾（KH₂PO₄）	分析纯	上海国药化学试剂有限公司
胰蛋白胨	生物试剂	北京奥博星生物技术有限公司
酵母提取物	生物试剂	北京奥博星生物技术有限公司
琼脂粉	生物试剂	北京奥博星生物技术有限公司
大肠杆菌（ATCC25922）	—	上海微鲁科技有限公司
金黄色葡萄球菌（ATCC6538）	—	上海微鲁科技有限公司
氢氧化钠	分析纯	上海国药化学试剂有限公司

表 6-6 实验仪器

名称	规格型号	生产厂家
分析天平	—	美国 METTLER TOLEDO
冷冻干燥机	FD–1C–50	北京博医康实验仪器有限公司
冷冻离心机	—	北京博医康仪器有限公司
电热恒温水浴锅	DF–101S	上海力辰科技有限公司
恒温磁力搅拌器	LC–DMS	上海力辰科技有限公司
高温高压灭菌锅	CT–ZJ–A19	天津超拓医疗设备有限公司
无菌操作台	SW–CJ–1C	苏州安泰
菌落计数器	XK97–A	上海力辰科技有限公司
低温冰箱	BDF–86V50	济南博鑫生物技术有限公司
酶标仪	SYNERGY H1	美国 BioTek

（二）培养基配制

LB 液体培养基：胰蛋白胨 10g，酵母提取物 5g，氯化钠 10g，双蒸水（ddH₂O）溶解，1mol/L 的 NaOH 调节 pH 至 7.0，ddH₂O 定容 1000mL，分装后在 121℃高压蒸汽灭菌 20min。LB 液体培养基用于 *S. aureus* 和 *E. coli* 菌液培养。

LB 琼脂培养基：在 LB 液体培养基的基础上加入 15g 琼脂粉，分装后在 121℃高压蒸汽灭菌 20min。LB 固体培养基用于 *S. aureus* 和 *E. coli* 平皿培养。

（三）菌液的配制

用接种环在二代斜面菌挑取一环菌落，用划线法接种到固体培养基平皿上，（37±2）℃培养 24h。培养后在固体培养基表面皿上生长出典型的细菌菌落，表面皿置于 5℃冰箱保存，1 周内使用完。

将 20mL 灭菌过的液体培养基倒入 100mL 三角烧瓶，用接种环在固体培养基表面皿上挑取典型的菌落接种在该液体培养基内。培养温度（37±2）℃，振荡频率110/min，培养时间18～24h。

用灭菌的蒸馏水十倍稀释法稀释液体培养基，采用紫外分光光度计测定菌液浓度OD值，调节菌液浓度在$1×10^8～5×10^8$CFU/mL范围内。

将抗菌纳米纤维膜试样剪切成0.5cm×0.5cm，称取（0.75±0.05）g，分装包好，在103kPa、121℃灭菌15min备用。将试样放入250mL的三角烧瓶中，分别加入70mLPBS（0.3mmol/L）和5mL菌悬液，使其在PBS中浓度为$1×10^5～4×10^5$CFU/mL。然后将三角烧瓶固定于振荡摇床上，在作用温度为24℃的条件下，以150r/min振摇1h，分别从三角烧瓶中吸取0.5mL振摇1h前后的细菌培养液，倒置在含有琼脂培养基的平板上，37℃培养24h。抑菌率计算：

$$R=\frac{A-B}{A}×100\%$$

式中：R——抑菌率，%；

A——试样培养24h前平板菌落数；

B——试样培养24h后平板菌落数。

第五节 抗菌性丝胶蛋白基纳米纤维制备工艺结果及分析

一、纤维形貌分析

（一）硝酸银浓度对纳米纤维形态的影响

采用前载银技术，在纺丝电压为25kV，收集间距为15cm，室温条件下，选取$AgNO_3$浓度分别为0.005%、0.01%、0.02%的丝胶蛋白溶液进行静电纺丝。丝胶蛋白/PEO/$AgNO_3$纳米纤维的形态如图6-2所示。

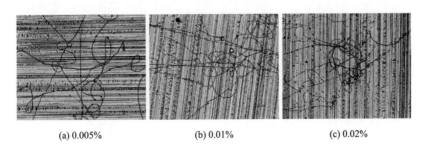

(a) 0.005%　　　　　(b) 0.01%　　　　　(c) 0.02%

图6-2 不同$AgNO_3$浓度下前载银丝胶蛋白基纳米纤维显微镜图片

由图 6-2 可以看出，所制备的丝胶蛋白 /PEO/AgNO$_3$ 纳米纤维形态良好，表面无珠节，纤维连续。随着硝酸银浓度的增大，纤维成纤性良好。当硝酸银浓度增大到 0.02% 时，纳米纤维分布不匀，但纤维形态良好。

采用后载银技术，配置不同浓度的硝酸银溶液。将 9g 无水乙醇置于烧杯中，用玻璃棒均匀搅拌，直到烧杯中没有颗粒为止。将上述制备好的丝胶蛋白 /PEO 纳米纤维膜置于锥形瓶中并将调制好的溶液加入，完全浸入溶液中，用保鲜膜将锥形瓶密封，静置 2h。用高倍显微镜观察的纤维形态如图 6-3 所示。

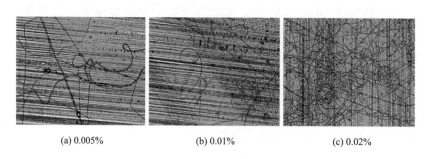

(a) 0.005%   (b) 0.01%   (c) 0.02%

图 6-3　不同 AgNO$_3$ 浓度后载银丝胶蛋白基纳米纤维显微镜图片

由图 6-3 可以看出，采用后载银技术能够制备出载银丝胶蛋白 /PEO 纳米纤维。随着硝酸银浓度的增大，纤维可纺性良好。当硝酸银浓度达到 0.02% 时，纤维形态良好，分布均匀。与前载银技术制备的纳米纤维形态相比，后载银技术制备的纳米纤维分布更均匀，纤维直径均匀，表面光滑，无珠节。

（二）静电纺丝外加电压对纳米纤维形态的影响

采用前载银技术，在纺丝电压为 25kV 和 30kV 时，收集间距为 15cm，室温条件下，选取的 AgNO$_3$ 浓度为 0.01% 的丝胶蛋白溶液进行静电纺丝。丝胶蛋白 /PEO/AgNO$_3$ 纳米纤维的形态如图 6-4 所示。

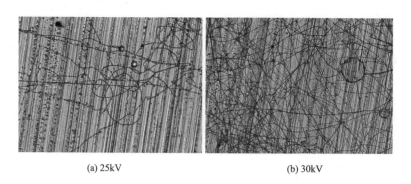

(a) 25kV   (b) 30kV

图 6-4　不同外加电压下前载银丝胶蛋白基纳米纤维膜显微镜图片

由图 6-4 可知，在纺丝电压为 30kV 时纺丝纤维形态更密集，说明丝胶蛋白溶液更适合在 30kV 的电压下进行纺丝。

采用后载银技术，在纺丝电压为 25kV 和 30kV 时，收集间距为 15cm，室温条件下，选取的 $AgNO_3$ 浓度为 0.01% 的丝胶蛋白溶液进行静电纺丝。丝胶蛋白 / PEO/$AgNO_3$ 纳米纤维的形态如图 6-5 所示。

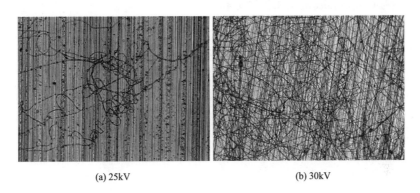

(a) 25kV　　　　　　　　　　　　(b) 30kV

图 6-5　不同外加电压下后载银丝胶蛋白基纳米纤维膜显微镜图片

由图 6-5 可知，随着外加电压的增大，纺丝含有的纳米银也越来越密集。这可能是由于随着外加纺丝电压的增加，有利于形成纳米纤维，纤维形态良好，直径均匀。

（三）SEM 测试

将前载银纳米纤维膜和后载银纳米纤维膜进行扫描电镜测试，测试结果如图 6-6 所示。

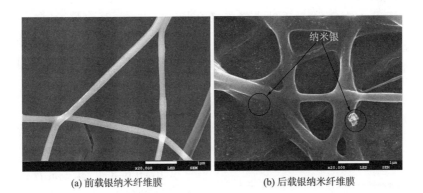

(a) 前载银纳米纤维膜　　　　　　　　(b) 后载银纳米纤维膜

图 6-6　不同载银方法得到的纳米纤维膜扫描电镜照片

由图 6-6 可知，与前载银纳米纤维膜相比，后载银纳米纤维膜表面可见明显的纳米银颗粒，表面粗糙，纤维直径较粗。后载银后的纳米纤维膜直径变粗，纳米银粒径变大，这可能是由于在后载银过程中，纳米纤维表面发生溶胀，纳米银微粒比表面积大，且表面能高，纳米颗粒容易互相碰撞发生团聚所致。结果表明，通过后载银技术能够制得表面载银的后载银纳米纤维膜。

二、纳米银的形成机理及粒径分析

（一）纳米银的形成机理

丝胶蛋白自还原生成纳米银颗粒的反应机理如图 6-7 所示。

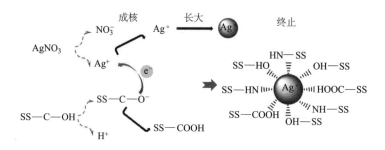

图 6-7　丝胶蛋白自还原生成纳米银反应机理

由图 6-7 可知，丝胶蛋白中富含的羟基、氨基以及羧基等极性基团能够将 Ag^+ 自还原生成银原子（$Ag°$），$Ag°$ 聚集堆积形成较小的原子堆积，即为较小的晶核。随着溶液中银原子的形成，晶核开始长大形成纳米银颗粒，直至纳米银颗粒表面的原子与溶液中的原子达到一个平衡态[25-27]。

（二）粒径分析

1. 不同 $AgNO_3$ 浓度下纳米银粒径分析

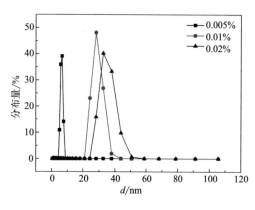

图 6-8　纳米银粒径分布图

纳米银的粒径尺寸能够直接影响丝胶蛋白基纳米纤维膜抗菌性。采用马尔文纳米粒度 Zeta 电位分析仪，对银含量为 0.005%、0.01%、0.02% 的 $AgNO_3$ 溶液进行粒径分析，纳米银粒径分布图如图 6-8 所示。

由图 6-8 可知，随着 $AgNO_3$ 溶液浓度的增大，纳米银粒径增大。当 $AgNO_3$ 溶液浓度为 0.005% 时，纳米银粒径分布范围为 1～10nm，增大

AgNO₃ 溶液浓度至 0.02% 时，纳米银粒径分布范围为 $20 \sim 60nm$。这是由于随着 AgNO₃ 溶液浓度增加，晶核逐渐长大形成纳米银颗粒，表面能变大，其表面银原子与丝胶蛋白还原溶液中的银原子达到平衡态所需时间变长，纳米银粒径分布范围变大[28]。为了更好地利用纳米颗粒所具有的表面效应，本研究选用浓度为 0.005% 的 AgNO₃ 溶液。

2. 不同反应时间下纳米银粒径分析

（1）在丝胶蛋白基复合溶液中，AgNO₃ 溶液浓度为 0.005% 时，分别取 1mL 不同反应时间的丝胶蛋白溶液，用激光粒度仪进行粒径测试。具体测试结果如图 6-9 所示。

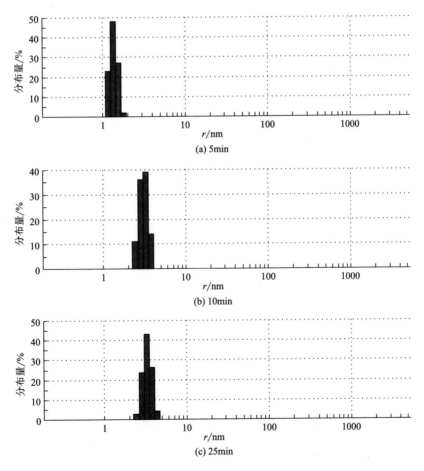

图 6-9 不同处理时间下纳米银粒径分析曲线

（2）在丝胶蛋白基复合溶液中，AgNO₃ 溶液浓度为 0.01% 时，分别取 1mL

不同反应时间的丝胶蛋白溶液，用激光粒度仪进行粒径测试。具体测试结果如图 6–10 所示。

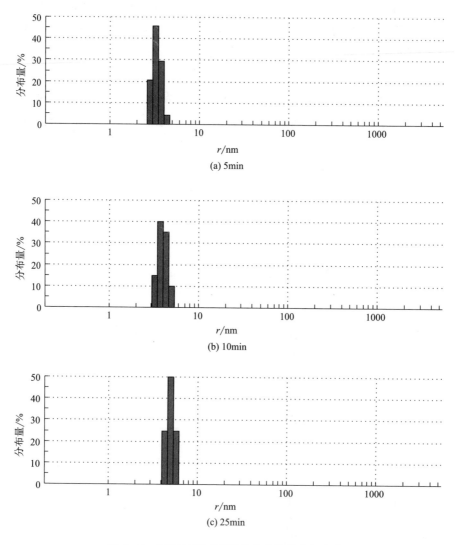

(a) 5min

(b) 10min

(c) 25min

图 6–10　不同处理时间下纳米银粒径分析曲线

（3）在丝胶蛋白基复合溶液中，AgNO$_3$ 溶液浓度为 0.02% 时，分别取 1mL 不同反应时间的丝胶蛋白溶液，用激光粒度仪进行粒径测试。具体测试结果如图 6–11 所示。

综合上述图 6–8 ～图 6–11 可以发现，随着自还原时间的延长，纳米银粒径逐渐增大；且随着硝酸银浓度的增大，纳米银粒径逐渐增大。

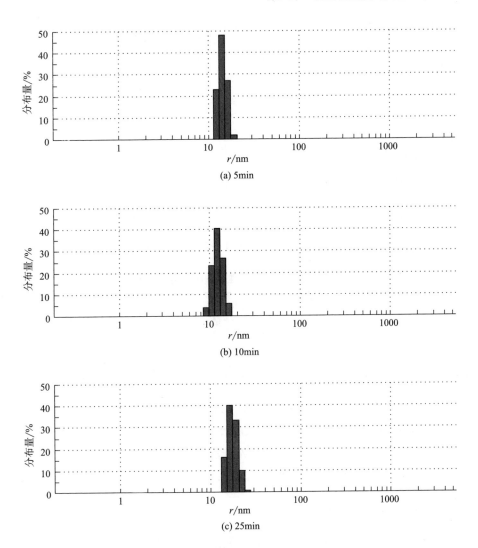

图 6-11　不同处理时间下纳米银粒径分析曲线

三、纤维 FTIR 分析

采用傅里叶变换红外光谱对前载银纳米纤维和后载银纳米纤维的分子结构进行测试分析，并将酰胺 I 带红外光谱进行分峰拟合，结果如图 6-12 所示。可见两者均在 1632cm^{-1} 和 1642 ～ 1645cm^{-1} 处出现了对应于丝胶蛋白 β-折叠结构和无规卷曲结构的特征吸收峰，且两种纳米纤维膜的 β-折叠结构和无规卷曲结构含量明显不同，具体各吸收峰位置、峰高以及相应的丝胶蛋白二级结构含量见表 6-7。

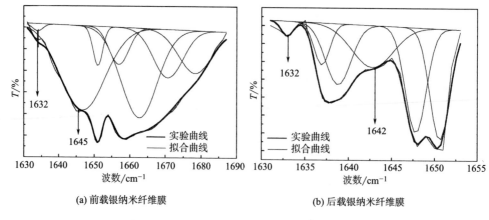

(a) 前载银纳米纤维膜   (b) 后载银纳米纤维膜

图 6-12　纳米纤维膜酰胺Ⅰ带吸收峰分峰拟合图

表 6-7　纳米纤维膜酰胺Ⅰ带吸收峰

特征吸收峰波数 /cm⁻¹	前载银纳米纤维膜相关结构的含量 /%	后载银纳米纤维膜相关结构的含量 /%
1632	0.71	2.20
1642 ~ 1645	19.89	34.40

　　由表 6-6 可知，后载银纳米纤维膜 β-折叠结构和无规卷取结构含量分别为 2.20% 和 34.40%。与前载银纳米纤维膜相比，后载银纳米纤维膜 β-折叠结构和无规卷取结构含量较高，这表明后载银方法制备丝胶蛋白基载银纳米纤维膜有利于丝胶蛋白 β-折叠结构和无规卷曲结构形成。

四、纤维 XPS 光电子能谱分析

　　采用 X 射线光电子能谱（XPS）对前载银纳米纤维膜和后载银纳米纤维膜表面银元素以及银含量进行分析。纳米纤维膜表面元素 X 射线光电子谱如图 6-13 所示，纳米纤维膜表面元素含量变化情况见表 6-8。

　　由图 6-13 可知，前载银纳米纤维膜和后载银纳米纤维膜表面均出现 C、N、O 三种元素，电子结合能分别为 285.5eV、339.1eV 和 530.6eV。但是，后载银纳米纤维膜表面除含有上述元素外，还含有 Ag 元素，电子结合能为 367.9eV。结果表明，银元素主要存在于前载银纳米纤维膜内部，这与前载银纳米纤维膜和后载银纳米纤维膜扫描电镜图结果相符合。由图 6-13 可知，前载银纳米纤维膜和后载银纳米纤维膜表面的 C 元素、O 元素、N 元素含量均无明显变化。这说明上述两种纳米纤维膜均具有较高的纯度，有望在医用敷料中得到广泛应用。

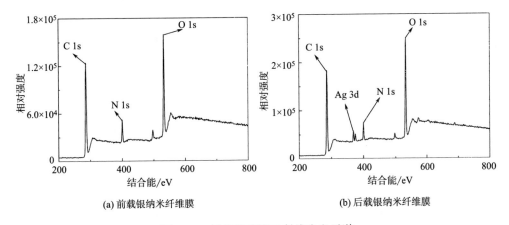

(a) 前载银纳米纤维膜　　　　　　　(b) 后载银纳米纤维膜

图 6-13　纳米纤维膜 X 射线光电子谱

表 6-8　前载银纳米纤维膜和后载银纳米纤维膜的表面元素组成

样品	元素含量 /%			
	C	N	O	Ag
前载银纳米纤维膜	63.59	9.35	27.06	0
后载银纳米纤维膜	63.01	8.70	28.79	0.50

将后载银纳米纤维膜中电子结合能为 284.7eV、287.9eV 处的银能谱进行分峰拟合，结果如图 6-14 所示，图中 FWHM 代表半峰宽。位于 284.7eV、287.9eV 的两种电子结合能分别为 Ag $3d_{5/2}$，Ag $3d_{3/2}$[29]，这充分说明后载银纳米纤维膜表面存在银元素。Ag $3d_{5/2}$ 峰和 Ag $3d_{3/2}$ 峰之间的结合能差为 6eV。

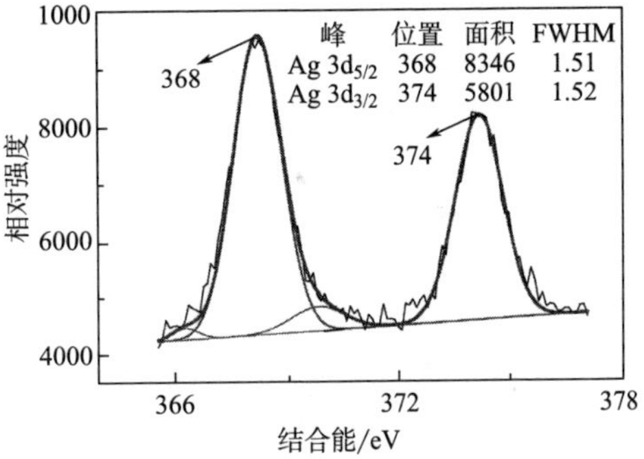

图 6-14　后载银纳米纤维膜 Ag $3d_{5/2}$，Ag $3d_{3/2}$ X 射线光电子能谱

五、纤维 XRD 光谱分析

采用 X 射线衍射光谱对前载银纳米纤维和后载银纳米纤维的结晶结构进行分析测试，并将 β-折叠结构特征衍射峰进行分峰拟合，结果如图 6-15 所示。计算得到纳米纤维膜的结晶度见表 6-9。

由图 6-15 可知，前载银纳米纤维和后载银纳米纤维的 X 衍射图谱上位于 2θ=19.1°/23.3°处均出现 β-折叠结构特征衍射峰[30]，且峰形非常相似。由表 6-9

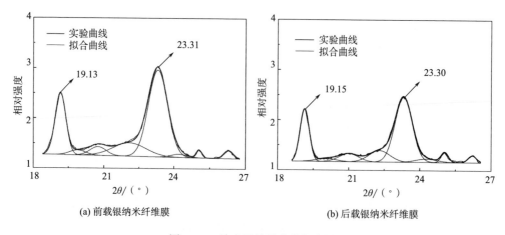

(a) 前载银纳米纤维膜　　　　　　　　　(b) 后载银纳米纤维膜

图 6-15　纳米纤维膜分峰拟合图

表 6-9　前载银纳米纤维膜和后载银纳米纤维膜 β-折叠结构结晶度

样品	β-折叠结构结晶度			
	$2\theta/$（°）	结晶峰面积	总面积	结晶度 /%
前载银纳米纤维膜	19.13/23.31	1.44463	1.95134	74.03
后载银纳米纤维膜	19.15/23.30	2.08093	2.71094	76.76

可知，后载银纳米纤维膜 β-折叠结构结晶度为 76.76%，略高于前载银纳米纤维膜 β-折叠结构结晶度。这与前载银纳米纤维和后载银纳米纤维膜傅里叶变换红外光谱测试结果相符。

六、纤维抗菌性能测试

前载银纳米纤维膜和后载银纳米纤维膜对大肠杆菌、金黄色葡萄球菌的抑菌数据及结果见表 6-10。

表 6-10　前载银纳米纤维膜和后载银纳米纤维膜抑菌数据及结果

样品	AgNO₃/%	大肠杆菌		金黄色葡萄球菌	
		细菌浓度 /（CFU·mL^{-1}）	抑菌率 /%	细菌浓度 /（CFU·mL^{-1}）	抑菌率 /%
前载银纳米纤维膜	0.005	8.04×10^5	65.03	0.50×10^5	50.79
	0.01	4.24×10^5	70.11	1.12×10^5	61.45
	0.02	2.24×10^5	85.25	5.20×10^4	80.97

续表

样品	AgNO₃/%	大肠杆菌		金黄色葡萄球菌	
		细菌浓度/ （CFU · mL⁻¹）	抑菌率/%	细菌浓度/ （CFU · mL⁻¹）	抑菌率/%
后载银纳米 纤维膜	0.005	1.04×10^4	90.93	1.20×10^4	89.92
	0.01	4.04×10^3	95.97	1.20×10^3	95.96
	0.02	< 30	99.99	< 30	99.99

由表 6-10 可知，随着银含量的增加，纳米纤维膜对大肠杆菌和金黄色葡萄球菌的抑菌率增大。当 AgNO₃ 浓度为 0.005% 时，后载银纳米纤维膜对大肠杆菌及金黄色葡萄球菌的抑菌率为 90.93% 和 89.92%。在此 AgNO₃ 浓度下，前载银纳米纤维膜对大肠杆菌及金黄色葡萄球菌的抑菌率仅为 85.25% 和 80.97%。当 AgNO₃ 浓度为 0.02% 时，后载银纳米纤维膜对金黄色葡萄球菌及大肠杆菌的抑菌率达到 99.99%。结果表明，在相同银含量时，后载银纳米纤维膜抗菌性优于前载银纳米纤维膜抗菌性。这可能是后载银纳米纤维膜中纳米银处于纤维表面，进而提高了纳米纤维膜的抗菌性[31-33]。这说明通过后载银技术制备载银纳米纤维膜，不仅增强了纳米纤维膜抗菌性，同时提高了纳米银的利用率。

第六节　本章小结

本章介绍了丝胶蛋白基抗菌材料以及常用抗菌剂纳米银的研究现状，并重点研究了抗菌性丝胶蛋白基纳米纤维制备工艺，考察了抗菌剂浓度、静电纺丝外加电压对纳米纤维形态的影响。并通过粒径分析、抗菌性能测试等对抗菌性丝胶蛋白基纳米纤维进行评价。具体结论如下：

本章采用两种载药方法成功制备出载银的纳米纤维膜，其中，丝胶蛋白作为还原剂成功绿色自还原制得纳米银颗粒。实验结果表明，利用后载银技术制备表面存在 Ag 元素的后载银纳米纤维膜，这与后载银纳米纤维膜扫描电镜图结果相符合。纳米银颗粒粒径在 100nm 以下，且最小粒径仅为 5nm。在相同银含量条件下，后载银技术制得的后载银纳米纤维膜抗菌性对金黄色葡萄球菌及大肠杆菌的抑菌率均可达到 99.99%，明显高于前载银纳米纤维膜。前载银纳米纤维膜和后载银纳米纤维膜傅里叶变换红外光谱分析以及 XRD 测试结果表明，后载银技术没有改变丝胶蛋白微观二级结构，$\beta-$ 折叠结构结晶度无明显变化。

参考文献

［1］杨梅蓉. 基于丝胶蛋白的抗菌材料及 dsRNA 递送载体的研究［D］. 重庆：西南大学，2019.

［2］NAIR L S, LAURENCIN C T. Silver nanoparticles：synthesis and therapeutic applications［J］. Journal of Biomedical Nanotechnology, 2007, 3（4）：301–316.

［3］WEI L, LU J, XU H, et al. Silver nanoparticles：synthesis, properties, andtherapeutic applications［J］. Drug Discov Today, 2015, 20（5）：595–601.

［4］JORGE DE SOUZA T A, ROSA SOUZA L R, FRANCHI L P. Silver nanoparticles：anintegrated view of green synthesis methods, transformation in the environment, and toxicity［J］. Ecotoxicol Environ Saf, 2019, 171：691–700.

［5］RAFIQUE M, SADAF I, RAFIQUE M S, et al. A review on green synthesis of silvernanoparticles and their applications［J］. Artif Cells NanomedBiotechnol, 2017, 45（7）：1272–1291.

［6］SHARMA V K, YNGARD R A, LIN Y. Silver nanoparticles：green synthesis andtheir antimicrobial activities［J］.Adv Colloid Interface Sci, 2009, 145（1–2）：83–96.

［7］XIE J P, LEE J Y, WANG D, et al. Silver nanoplates：frombiological to biomimetic synthesis［J］. Acs Nano, 2007, 1（5）：429–439.

［8］薛文强，于世平. 纳米银的抗菌机制及临床应用研究［J］. 中国微生态学杂志，2022, 34（1）：117–120.

［9］张敏，邱佳佳，殷涛，等.纳米银材料的研究进展及应用前景［J］.稀有金属，2020（1）：79–86.

［10］胡烈海，朱新根，余双，等.纳米银抗菌应用的研究进展［J］.中国抗生素杂志，2020（8）：745–750.

［11］曾琦斐，李绍国，谭荣喜，等.纳米银的制备及其应用研究进展［J］. 2022, 43（5）：919–922.

［12］张子谊，高晓红，贾雪平.纳米银在纺织业中的应用［J］.纺织导报，2013（5）：78–82.

［13］李智慧，余凤斌.纳米银抗菌纤维在纺织行业中的应用［J］.针织工业，

2013（7）: 65-66.

［14］高党鸽，李亚娟，吕斌，等．纳米银制备及其在纺织品中的应用研究进展
　　　［J］．纺织学报，2018，39（8）: 171-178.

［15］锡环．纳米银在纺织品上的应用［J］．现代丝绸科学与技术，2012（5）:
　　　207.

［16］王晓凑，徐水凌．纳米银抗菌织物的研究进展［J］．棉纺织技术，2008，36
　　　（2）: 62-64.

［17］LIAO C, LI Y, TJONG S C. Bactericidal and cytotoxic properties of silver
　　　nanoparticles［J］. Int J Mol Sci, 2019, 20（2）.

［18］JENA P, MOHANTY S, MALLICK R, et al. Toxicity and antibacterial
　　　assessment of chitosancoated silver nanoparticles on human pathogens and
　　　macrophagecells［J］. International Journal of Nanomedicine, 2012, 7: 1805-
　　　1818.

［19］TIAN J, WONG K K, HO C M, et al. Topical delivery of silver nanoparticlespromotes
　　　wound healing［J］. Chem Med Chem, 2007, 2（1）: 129-136.

［20］LIU X L, LEE P Y, HO C M, et al. Silver nanoparticles mediatedifferential
　　　responses in keratinocytes and fibroblasts during skin woundhealing［J］.
　　　Chemmedchem, 2010, 5（3）: 468-475.

［21］PALLAVICINI P, ARCIOLA C R, BERTOGLIO F, et al. Silver nanoparticles
　　　synthesizedand coated with pectin : An ideal compromise for anti-bacterial and
　　　anti-biofilmaction combined with wound-healing properties［J］. J Colloid
　　　Interface Sci, 2017, 498: 271-281.

［22］BEER C, FOLDBJERG R, HAYASHI Y, et al. Toxicity of silver nanoparticles-
　　　nanoparticle or silver ion［J］. Toxicol Lett, 2012, 208（3）: 286-292.

［23］BRAYDICH-STOLLE L, HUSSAIN S, SCHLAGER J J, et al. In vitro
　　　cytotoxicity of nanoparticles in mammalian germline stem cells［J］.Toxicol Sci,
　　　2005, 88（2）: 412-419.

［24］TAKENAKA S, KARG E, ROTH C, et al. Pulmonary and systemic distribution
　　　of inhaled ultrafine silver particles in rats［J］. Environ Health Perspect, 2001,
　　　109（4）: 547-551.

［25］KIERNAN J A. Formaldehyde, formalin, paraformaldehyde and glutaraldehyde :
　　　What they are and what they do［J］. Microscopy Today, 2000, 8（1）: 8-12.

［26］DABA T, KOJIMA K, INOUYE K. Chemical modification of wheat β-amylase by trinitrobenzenesulfonic acid, methoxypolyethylene glycol, and glutaraldehyde to improve its thermal stability and activity [J]. Enzyme & Microbial Technology, 2013, 53 (6–7): 420–426.

[27] ARAMWIT P, SIRITIENTONG T, KANOKPANONT S, et al. Formulation and characterization of silk sericin–PVA scaffold crosslinked with genipin [J]. International journal of biological macromolecules, 2010, 47 (5): 668–675.

[28] TERADA S, SASAKI M, YANAGIHARA K, et al. Preparation of silk protein sericin as mitogenic factor for better mammalian cell culture [J]. Journal of Bioscience & Bioengineering, 2005, 100 (6): 667–671.

[29] DEBNATH R K, FITZGERALD A G, CHRISTOVA K. X–ray photoelectron spectroscopy studies of Ag–doped thin amorphous Ge x Sb 40–x S 60 films [J]. Applied Surface Science, 2002, 202 (3): 261–265.

[30] JO Y N, UM I C. Effects of solvent on the solution properties, structural characteristics and properties of silk sericin [J]. International Journal of Biological Macromolecules, 2015, 78: 287–295.

[31] ANITA S, RAMACHANDRAN T, RAJENDRAN R, et al. A study of the antimicrobial property of encapsulated copper oxide nanoparticles on cotton fabric [J].Textile Research Journal, 2011, 81 (10): 1081–1088.

[32] EREM A D, OZCAN G, EREM H H, et al. Antimicrobial activity of poly (L–lactide acid) /silver nanocomposite fibers [J]. Textile Research Journal, 2013, 83 (20): 2111–2117.

[33] LEE H J, JEONG S H. Bacteriostasis and skin innoxiousness of nanosize silver colloids on textile fabrics [J]. Textile Research Journal, 2005, 75 (75): 551–556.

第七章 温敏响应性丝胶蛋白基皮芯 微纳米纤维

刺激响应性天然生物纤维材料作为现代高技术新材料发展的重要方向之一，正受到广泛关注。本章综述了刺激响应性天然纤维材料研究现状、微流控纺丝技术以及壳聚糖天然材料。研究了温敏响应性丝胶蛋白基皮芯微纳米纤维微流控纺丝工艺。考察了不同复配比例、注射速率、PNIPAAm含量等参数对纳米纤维形态及温敏性的影响。

第一节 概述

一、刺激响应性天然材料

刺激响应性天然生物纤维材料是一种能够模拟生物体内微环境的"活"材料，在外界环境因素刺激下，与生物分子间通过氢键、分子间作用力等弱相互作用实现响应，除具有传统外源性刺激（温度、pH、离子强度、特定化学物质浓度水平等）响应性能外，还具有更好的生物降解性、药物靶向性和生物相容性[1-4]，可满足新材料在组织功能修复及药物可控释放等特定领域应用的需求。因此，研发刺激响应型天然生物纤维材料，具有显著的研究价值和应用前景。

二、蛋白质天然材料

蛋白质分子源于生物体，无生理毒性，是最佳的刺激源之一，是生物响应性高分子材料的重要研究对象[5]，可作为一种天然生物材料引入海藻酸钠多层次网络中，构造出海藻酸钠基天然复合生物材料[6-9]。柞蚕丝胶蛋白作为一种生物相容性材料，具有高强度、血液相容性和对水和氧的高渗透性等特性，是我国特有的野生蛋白质，可与哺乳动物细胞产生特异相互作用，被广泛应用于生物技术和生物医学领域[10]。

天然蛋白质具有长程有序的二级分子结构和主要的氨基酸结构，是真正具有生物活性的生物蛋白质。Mandal等[11]从成熟柞蚕虫丝腺中直接提取丝素蛋白，研究出一种新型、环保的丝素蛋白溶出方法，在不形成凝胶的情况下，通过 SDS 提取的丝素蛋白具有较长的贮藏稳定性。柞蚕丝素凝胶化是通过疏水氨基酸聚集形成疏水胶粒，并以胶束的形式存在，胶束平均粒径为 8nm。Behera 等[12] 利用柞蚕丝腺直接提取的丝素蛋白，通过在丝素蛋白上原位沉积羟基磷灰石颗粒，形成具有高机械强度和细胞相容性的生物支架。Biman 等[13] 探讨了以热带柞蚕、桑蚕、家蚕丝腺丝素蛋白为底物的三维丝支架在大鼠骨骨髓细胞成骨和成脂分化中的应用潜力，结果表明，丝素蛋白 3D 支架作为天然生物聚合物具有潜在的骨组织和脂肪组织工程应用价值。

三、微流控技术

微流体纺丝技术是微流体纺丝是一种高效、绿色生产各向异性有序微纤维的理想技术。随着微流体纺丝技术的发展，微流体纺丝在生物材料、智能可穿戴、信息技术等领域被广泛应用，尤其是在再生纤维制备方面，具有得天独厚的优势。该技术是在微尺度下对复杂流体进行控制、操作和检测的技术，可用于制备阵列、janus 结构、竹节、中空、壳核等不同形貌、不同尺寸的微纤维及纳米珠[14-15]，通过微流体纺丝制备的纤维尺寸介于湿法纺织和电纺丝之间，微流体纺丝技术作为一种新型技术制备智能纤维，具有独特的优势。

四、壳聚糖

壳聚糖是一种天然聚阳离子，是甲壳素脱乙酰后的产物，是地球上仅次于纤维素的第二大丰富的天然多糖。它具有许多重要的生物和化学性质，如生物活性、生物可降解性、生物相容性、聚阳离子性以及抗菌性[16-17]。壳聚糖作为一种绿色的功能整理剂被广泛应用在纺织工程领域[18-19]。在纺织品的整理过程中，壳聚糖能与纤维发生化学交联，并能牢固附着于纤维表面。

第二节　温敏响应性丝胶蛋白 / 海藻酸钠 /PEO 纺丝原液制备工艺

一、温敏响应性丝胶蛋白 / 海藻酸钠 /PEO "皮层" 纺丝原液制备

（一）实验试剂和仪器

温敏响应性丝胶蛋白 / 海藻酸钠 /PEO "皮层" 纺丝原液制备所需的主要原料

及试剂和测试所需的实验仪器见表7-1、表7-2。

表7-1　主要原料及试剂

名称	规格	生产厂家
柞蚕茧	市售	—
碳酸钠	分析纯	上海国药集团试剂有限公司
PEO	40kDa	沈阳市试剂五厂
胭脂红	分析纯	佛山市康能生物科技有限公司
聚乙二醇8000	—	上海国药集团试剂有限公司
海藻酸钠	500万	青岛明月海藻基团有限公司
透析袋	MD25-3500	Sigma-Aldrich有限公司

表7-2　实验仪器

名称	规格型号	生产厂家
分析天平	ME204E	美国Mettler Toledo公司
冷冻干燥机	FD-1C-50	北京博医康仪器有限公司
台式pH计	FE28	美国Mettler Toledo公司
电热恒温水浴锅	DF-101S	上海力辰科技有限公司
磁力搅拌器	LC-MSH-5L	上海力辰科技有限公司

（二）实验操作

1. 柞蚕茧丝胶蛋白（SS）提取

将柞蚕茧剪成小块，放入超声波清洗器中，清洗1h，再在50℃烘箱中烘干，备用。精确称量3组柞蚕茧，每组蚕茧质量为5.0g，分别置于不同质量浓度（0.5%、1.0%、1.5%、2.0%、2.5%、3.0%）的Na_2CO_3溶液中，100℃振荡4h，取出过滤，去除不溶物，将上清液透析48h，每12h换一次水，透析完成后，聚乙二醇（分子量8000）浓缩，去除部分水分，然后放入冷冻干燥机中，冷冻干燥得到棕色粉末。

2. 聚环氧乙烷（PEO）溶液制备

将三颈烧瓶、冷凝管、搅拌器连接，架设在恒温水浴锅上。取90mL蒸馏水倒入三颈烧瓶中，打开水浴锅，将温度预热至60℃。称取10g聚环氧乙烷倒入三颈烧瓶中。启动搅拌器，调整适宜转速，持续搅拌6h。搅拌结束后，拆卸三颈烧瓶，将搅拌好的PEO溶液倒入棕色瓶中静置。

3. 海藻酸钠（SA）溶液制备

精确称取 5g 的海藻酸钠，置于容量为 100mL 三口瓶中，蒸馏水定容至 100mL，在 50℃条件下搅拌，直至完全溶解，获得质量浓度为 5% 的海藻酸钠溶液。

4. 丝胶蛋白基纺丝原液制备

将上述丝胶蛋白溶液、海藻酸钠溶液和 PEO 溶液进行配置，配置具体参数见表 7-3。

表 7-3　混合溶液配置参数

样品	5% SA/mL	20% SS/mL	10% PEO/mL
SS/SA/PEO-1	14	1.5	10
SS/SA/PEO-2	12	2.0	10
SS/SA/PEO-3	8	3.0	10
SS/SA/PEO-4	6	3.5	10

二、温敏响应性丝胶蛋白/海藻酸钠/PEO"芯层"纺丝原液制备

（一）实验试剂和仪器

主要实验试剂和仪器见表 7-4。

表 7-4　主要原料及试剂

名称	规格	厂家
N-异丙基丙烯酰胺（NIPAAm）	分析纯	上海阿拉丁试剂有限公司
N, N-亚甲基双丙烯酰胺（MBA）	分析纯	上海生物科技有限公司
过硫酸铵（APS）	分析纯	上海爱建试剂厂
N, N, N', N'-四甲基乙二胺（TMEDA）	分析纯	上海前进化学试剂厂

（二）实验操作

称取一定量的 N-异丙基丙烯酰胺（NIPAAm），将其加入有蒸馏水的烧杯中，放入 40℃水浴锅中搅拌 5min 使其充分溶解；再称取一定量的 N, N'-亚甲基双丙烯酰胺（MBA）加入溶液中继续搅拌 10min 待其充分溶解；称取适量的过硫酸铵（APS）并将其添加到溶液中，然后逐渐滴加浓度为 5% 的 N, N, N', N'-四甲基乙二铵（TMEDA）溶液，常温搅拌 4h 后静置，备用。具体纺丝原液配置参数见表 7-5。

表 7-5　纺丝原液配置参数

样品	NIPAAm/g	MBA/g	APS/g	TMEDA/μL
SS/SA-N1	0.1	0.006	0.001	160
SS/SA-N2	0.5	0.006	0.003	160
SS/SA-N3	1.0	0.006	0.006	160
SS/SA-N4	1.5	0.006	0.01	160

第三节　温敏响应性丝胶蛋白 / 壳聚糖 /PEO 纺丝原液制备工艺

一、温敏响应性丝胶蛋白 / 壳聚糖 /PEO "皮层" 纺丝原液制备

（一）实验试剂和仪器

主要实验试剂和仪器见表 7-6、表 7-7。

表 7-6　实验材料药品

名称	规格	厂家
壳聚糖	脱乙酰度 ≥ 90%	上海国药化学试剂有限公司
柞蚕茧	市售	无锡丝密斯科技有限公司
碳酸钠	分析纯	上海国药集团试剂有限公司
PEO	400000	沈阳市试剂五厂
胭脂红	分析纯	佛山市康能生物科技有限公司
聚乙二醇	6000	上海国药集团试剂有限公司
透析袋	截留分子量 8000 ~ 13000	Sigma-Aldrich 有限公司

表 7-7　实验仪器

名称	规格型号	生产厂家
分析天平	ME204E	美国 Mettler Toledo 公司
冷冻干燥机	FD-1C-50	北京博医康仪器有限公司
台式 pH 计	FE28	美国 Mettler Toledo 公司
电热恒温水浴锅	DF-101S	上海力辰科技有限公司
磁力搅拌器	LC-MSH-5L	上海力辰科技有限公司

（二）实验操作

1. 柞蚕茧丝胶蛋白提取

将柞蚕茧剪成小块，然后放入超声波清洗器中，清洗 1h，再在 50℃烘箱中烘干，备用。精确称量 3 组柞蚕茧，每组蚕茧质量为 5.0g，分别置于不同质量浓度（0.5%、1.0%、1.5%、2.0%、2.5%、3.0%）的 Na_2CO_3 溶液中，100℃振荡 4h，取出过滤，去除不溶物，将上清液透析 48h，每 12h 换一次水，透析完成后，聚乙二醇（分子量 8000）浓缩，去除部分水分，然后放入冷冻干燥机中，冷冻干燥得到棕色粉末。

2. 聚环氧乙烷溶液制备

将三颈烧瓶、冷凝管、搅拌器连接，架设在恒温水浴锅上。取 90mL 蒸馏水倒入三颈烧瓶中，打开水浴锅，将温度预热至 60℃。称取 10g 聚环氧乙烷倒入三颈烧瓶中。启动搅拌器，调整适宜转速，持续搅拌 6h。搅拌结束后，拆卸三颈烧瓶，将搅拌好的 PEO 溶液倒入棕色瓶中静置。

3. 壳聚糖溶液制备

精确称取 5g 的壳聚糖，置于容量为 100mL 醋酸溶液中，在 50℃下搅拌，直至完全溶解，获得质量浓度为 5% 的壳聚糖溶液。

4. 丝胶蛋白基纺丝原液制备

将上述丝胶蛋白（SS）溶液、壳聚糖（CS）溶液和 PEO 溶液进行配置，具体参数见表 7-8。

表 7-8　纺丝原液配制参数

样品	20% SS/mL	5% CS/mL	10% PEO/mL
SS/CS/PEO-1	1.5	14	10
SS/CS/PEO-2	2.0	12	10
SS/CS/PEO-3	2.5	10	10
SS/CS/PEO-4	3.0	8	10

二、温敏响应性丝胶蛋白/壳聚糖/PEO "芯层" 纺丝原液制备

（一）实验试剂和仪器

主要实验试剂和仪器见表 7-9。

表 7-9　主要原料及试剂

名称	厂家
N-异丙基丙烯酰胺（NIPAAm）	上海阿拉丁试剂有限公司

续表

名称	厂家
N，*N*'-亚甲基双丙烯酰胺（MBA）	上海生物科技有限公司
过硫酸铵（APS）	上海爱建试剂厂
N，*N*，*N*'，*N*'-四甲基乙二胺（TMEDA）	上海前进化学试剂厂

（二）实验操作

精确称取 1.0g *N*-异丙基丙烯酰胺（NIPAAm），将其加入有蒸馏水的烧杯中，放入 40℃水浴锅中搅拌 5min 使其充分溶解；再称取 0.006g *N*，*N*'-亚甲基双丙烯酰胺（MBA）加入溶液中继续搅拌 10min 待其充分溶解；称取 0.03g 过硫酸铵（APS）并将其添加到溶液中，然后逐渐滴加 160μL 浓度为 5% 的 *N*，*N*，*N*'，*N*'-四甲基乙二铵（TMEDA）溶液，常温搅拌 4h 后静置，备用。

第四节　温敏响应性丝胶蛋白基皮芯微纳米纤维制备工艺

一、实验试剂和仪器

实验采用了南京捷纳思新材料有限公司生产的微流体纺丝机。

二、实验操作

将上述丝胶蛋白基"皮层"纺丝原液按照注射推进速率 0.5mL/h，步进平移频率 70Hz，分别在转速 30r/min、60r/min、90r/min 的微流体纺丝条件下纺丝，常温晾干后放入未加入促进剂的溶液中，待纤维完全浸泡后，逐渐滴加浓度为 5% 的 *N*，*N*，*N*'，*N*'-四甲基乙二铵（TMEDA）溶液，每隔 3min 滴加一次，观察丝胶蛋白纤维表面变化；当丝胶蛋白纤维上刚好附着一层白色聚合物时立即停止加入 TMEDA，在丝胶蛋白纤维外层形成一层相变材料，取出丝胶蛋白皮芯微纳米纤维移入常温蒸馏水中，形成皮芯型温敏响应性丝胶蛋白基微纳米纤维。

第五节　性能测试

一、溶液黏度测试

将各组加入聚环氧乙烷溶液的混合溶液用 NDJ-1B 旋转黏度计进行黏度测

试，探究混合溶液中各溶液对黏度的影响。

二、SEM 测试

采用 JSM–IT100 型扫描电子显微镜观察温敏响应性丝胶蛋白基皮芯微纳米纤维形态结构。

三、接触角测试

采用接触角测试仪 PT–705 测试温敏响应性柞蚕丝膜在不同温度下的耐水性。升温范围 25 ~ 45℃，水流速为 1.0μL/s，相对湿度为 16% 条件下进行测试，接触角测定时间为静态保持 3s 后测定。

四、水凝胶吸水率和溶胀率测试

取出待测样品，去除支架表层，在 40℃烘干 4h，精确称量样品质量 W_1，样品直径 D_1、高度 H_1，计算样品体积 V_1，然后将样品置于纯水中，静置 24h，取出样品，去除表面残余水分，精确称量此时样品质量 W_2、直径 D_2、高度 H_2，计算样品体积 V_2。根据样品重量和质量变化，测定样品支架的吸水率和溶胀率。每个样品做五组平行试验。

$$吸水率 = \frac{W_2 - W_1}{W_1} \times 100\%$$

$$溶胀率 = \frac{V_2 - V_1}{V_1} \times 100\%$$

第六节 温敏响应性丝胶蛋白基皮芯微纳米纤维制备工艺结果及分析

一、温敏响应性丝胶蛋白 / 海藻酸钠 /PEO 皮芯微纳米纤维

（一）黏度测试

采用 NDJ–1B 旋转黏度计分别对不同复配比例的温敏响应性丝胶蛋白基"皮层"纺丝原液进行黏度测试，测试结果如图 7–1 所示。

由图 7–1 可知，随着复配溶液中丝胶蛋白含量的增加，丝胶蛋白 / 海藻酸钠 /PEO（SS/SA/PEO）"皮层"溶液黏度值呈现降低趋势。这可能是因为丝胶蛋白分子

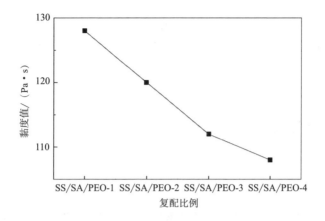

图 7-1　丝胶蛋白 / 海藻酸钠 /PEO "皮层" 溶液黏度曲线图

量小，随着丝胶蛋白的增大，不利于复合溶液中大分子间缠结，因此溶液黏性变小。

（二）SEM 测试分析

1. 不同复配比例对微纳米纤维形态的影响

在注释推进速率为 2mL/h，步进平移频率为 150Hz，旋转电动机速率为 200r/min 的条件下，采用微流控纺丝技术制备出不同复配比例的丝胶蛋白 / 海藻酸钠 /PEO 纳米纤维，采用 SEM 测试纤维表面形态，测试结果如图 7-2 所示。

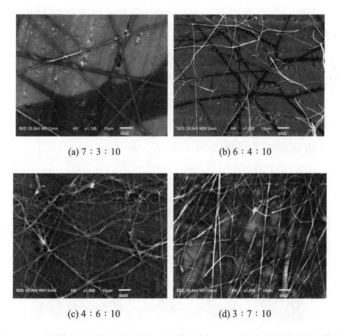

图 7-2　不同复配比例丝胶蛋白 / 海藻酸钠 /PEO 纳米纤维扫描电镜图

由图 7-2 可知，采用该法制备的丝胶蛋白 / 海藻酸钠 /PEO 纳米纤维连续性差，纤维表面粗糙，不光滑。随着丝胶蛋白含量的减少，纳米纤维直径呈变粗趋势。

2. 注射速率对微纳米纤维形态的影响

在步进平移频率为 150Hz，旋转电机速率为 200r/min 的条件下，选用不同注释推进速率，纺丝原液丝胶蛋白 / 海藻酸钠 /PEO 复配比例为 6：4：10，采用微流控纺丝技术制备出不同注射速率的丝胶蛋白 / 海藻酸钠 /PEO 纳米纤维，采用 SEM 测试纤维表面形态，测试结果如图 7-3 所示。

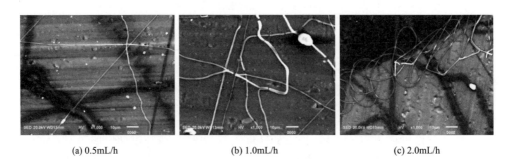

(a) 0.5mL/h   (b) 1.0mL/h   (c) 2.0mL/h

图 7-3   不同注射速率丝胶蛋白 / 海藻酸钠 /PEO 纳米纤维扫描电镜图

由图 7-3 可知，在该条件下，采用微流控纺丝技术能够制备出丝胶蛋白 / 海藻酸钠 /PEO 纳米纤维，纤维形态良好，纤维表面无明显珠节，但纤维连续性差。随着注射速率的增大，虽然纤维连续性有所改善，但未达到理想状态。

3. PNIPAAm 含量对纳米纤维形态的影响

将质量比为 6：4：10 的丝胶蛋白 / 海藻酸钠 /PEO 纳米纤维放置于不同质量的 NIPAM 单体溶液中，制作四个不同溶质比例纺丝液纺制的温敏性丝胶蛋白 / 海藻酸钠 /PEO 皮芯微纳米纤维（图 7-4）。

图 7-4   温敏响应性丝胶蛋白 / 海藻酸钠 /PEO 皮芯微纳米纤维

在室温环境下，将上述不同溶质比的温敏性丝胶蛋白 / 海藻酸钠 /PEO 皮芯微纳米纤维自然晾干，采用 SEM 测试纤维表面形态，测试结果如图 7-5 所示。SS/SA-N1、SS/SA-N2、SS/SA-N3、SS/SA-N4 分别代表相变单体 NIPAM 含量为0.1g、0.5g、1.0g 和 1.5g 时所制得的相变纤维。

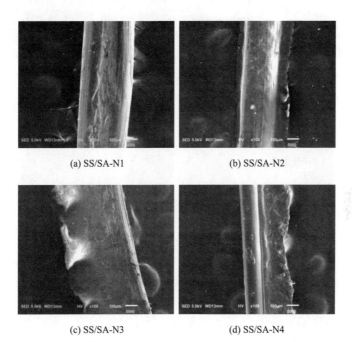

(a) SS/SA-N1　　　　　　　　　　　(b) SS/SA-N2

(c) SS/SA-N3　　　　　　　　　　　(d) SS/SA-N4

图 7-5　不同溶质比温敏响应性丝胶蛋白 / 海藻酸钠 /PEO 皮芯微纳米纤维扫描电镜图

由图 7-5 可知，由微流体纺丝技术能够制备丝胶蛋白 / 海藻酸钠 /PEO 纳米纤维，在纤维外包覆一层相变材料后，形成了皮芯结构的温敏响应性丝胶蛋白 / 海藻酸钠 /PEO 皮芯微纳米纤维，纤维表面光滑，纤维形态均匀，可形成皮芯结构，通过扫描电镜可以证实后包覆技术制备具有皮芯结构的温敏性丝胶蛋白基微纳米纤维的可行性。

（三）温敏性测试分析

1. 温敏性测试

将不同溶质比温敏响应性丝胶蛋白 / 海藻酸钠 /PEO 皮芯微纳米纤维置于温度为 40℃的热水中，静置 5min，然后观察不同溶质比温敏响应性丝胶蛋白 / 海藻酸钠 /PEO 皮芯微纳米纤维温敏性，测试结果如图 7-6 所示。

由图 7-6 可知，将不同溶质比温敏响应性丝胶蛋白 / 海藻酸钠 /PEO 皮芯微纳米纤维置于 40℃水中，静置 5min 后，不同溶质比温敏响应性丝胶蛋白 / 海藻

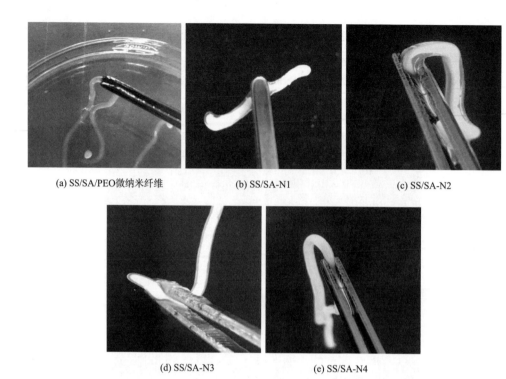

(a) SS/SA/PEO微纳米纤维   (b) SS/SA-N1   (c) SS/SA-N2

(d) SS/SA-N3   (e) SS/SA-N4

图7-6　不同溶质比温敏响应性丝胶蛋白/海藻酸钠/PEO皮芯微纳米纤维温敏性图

酸钠/PEO皮芯微纳米纤维"芯层"变白，纤维产生相变，而纤维"皮层"仍然呈透明状。说明皮芯层温敏响应性丝胶蛋白/海藻酸钠/PEO微纳米纤维制备成功。而且从图7-6还可以看出，随着相变单体含量的增加，芯层变厚，皮层逐渐变薄。说明单体含量的增加，提高了芯层与皮层的纤维占比。因此，芯层单体含量的多少对皮芯纤维的成型具有很大的影响。

2. 水接触角测试

为测试温度响应性皮芯型微纳米纤维膜对环境温度的反应能力，即测试纳米纤维膜的温敏性能，需要对温度响应性皮芯型微纳米纤维膜做不同温度下的水接触角度的测试，采用接触角测量仪来测量温度响应性皮芯型微纳米纤维膜的初始接触角。测试方法采用静滴法，在温度分别是25℃和45℃时，观测10s内温度响应性皮芯型微纳米纤维膜上水滴的初始接触角的变化。不同温度下温度响应性皮芯型微纳米纤维膜接触角变化曲线如图7-7所示。第7s时不同温度下接触角测试结果如图7-8所示。

由图7-7可知，当温度为25℃时，接触角在8s内迅速减小，8s后水滴趋于稳定状态，表现为完全浸润在纤维膜内，此时的接触角接近于0，纳米纤维膜表

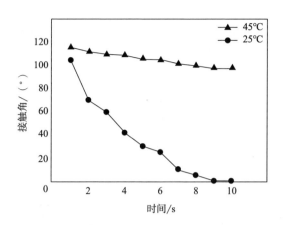

图 7-7　不同温度下温度响应性皮芯型微纳米纤维膜接触角随时间变化曲线

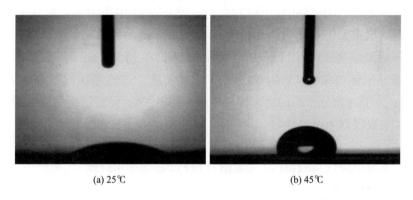

(a) 25℃　　　　　　　　　　　　　(b) 45℃

图 7-8　在 25℃和 45℃条件下，第 7s 时纳米纤维膜的接触角图

现出亲水性；当温度为 45℃时，接触角在 9s 内缓慢减小，9s 后水滴趋于稳定状态，表现为未完全浸润在纤维内，此时的接触角接近 100°，温度响应性皮芯型微纳米纤维膜表现为疏水性。

由图 7-8 可知，随着温度的升高，温度响应性皮芯型微纳米纤维膜由亲水性向疏水性转变，当温度为 25℃时，温度响应性皮芯型微纳米纤维膜表现为亲水性，接触角约为 10°；升高温度至 45℃，温度响应性皮芯型微纳米纤维膜接触角表现为疏水性，接触角在 100°以上。结果表明，温度响应性皮芯型微纳米纤维膜具有明显的温敏响应性。

3. 温敏响应性丝胶蛋白基皮芯微纳米纤维温敏响应性机理

温度响应性皮芯型微纳米纤维的温度性能主要由 PNIPAAm 决定，PNIPAAm 分子链在其低临界溶解温度上下的分子量构型的转变过程如图 7-9 所示。

由图 7-9 可知，PNIPAAm 分子内的疏水、亲水基团与水分子之间相互转变

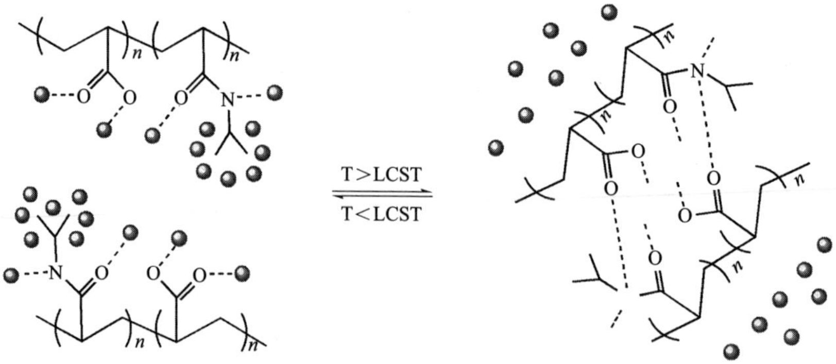

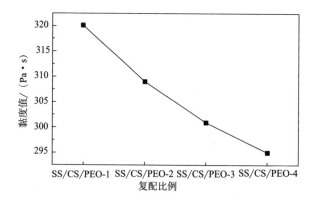

图7-9　PNIPAAm分子链在LCST上下的结构转变过程示意图

决定了PNIPAAm表现出亲、疏水性。当环境温度低于PNIPAAm的临界溶解温度（LCST）时，PNIPAAm分子链和水分子之间的作用力主要是酰胺基团和水分子之间的氢键及范德华力作用，PNIPAAm分子链为线结构，主要表现为亲水性；当环境温度高于PNIPAAm的临界溶解温度时，PNIPAAm分子链与水分子之间的部分氢键被破坏，PNIPAAm的亲水性下降，疏水基团间缔合作用加强，PNIPAAm分子内和分子间的疏水作用增强，PNIPAAm分子链结构变为紧密球体状结构，主要表现为疏水性[20]。

二、温敏响应性丝胶蛋白 / 壳聚糖 /PEO 皮芯微纳米纤维

（一）黏度测试

采用NDJ-1B旋转黏度计分别对不同复配比例的温敏响应性丝胶蛋白基"皮层"纺丝原液进行黏度测试，丝胶蛋白/壳聚糖/PEO（SS/CS/PEO）"皮层"溶液黏度曲线如图7-10所示。

图7-10　丝胶蛋白 / 壳聚糖 /PEO "皮层" 溶液黏度曲线图

由图 7-10 可知，随着复配溶液中丝胶蛋白含量的增加，丝胶蛋白 / 壳聚糖 / PEO "皮层"溶液黏度值呈现降低趋势，这可能是因为丝胶蛋白分子量小，随着丝胶蛋白的增大，不利于复合溶液中大分子间缠结，因此溶液黏度变小。

（二）SEM 分析

1. 不同复配比例对微纳米纤维形态的影响

在注释推进速率为 2mL/h，步进平移频率为 150Hz，旋转电动机速率为 200r/min 的条件下，采用微流控纺丝技术制备出不同复配比例的丝胶蛋白 / 壳聚糖 /PEO 纳米纤维，采用 SEM 测试纤维表面形态，测试结果如图 7-11 所示。

(a) 7 : 3 : 10　　　　　(b) 6 : 4 : 10

(c) 4 : 6 : 10　　　　　(d) 3 : 7 : 10

图 7-11　不同复配比例丝胶蛋白 / 壳聚糖 /PEO 纳米纤维扫描电镜图

由图 7-11 可知，不同复配比例下制备的丝胶蛋白 / 壳聚糖 /PEO 纳米纤维表面光滑，无明显珠节，纤维呈连续性。随着丝胶蛋白含量的减少，纳米纤维直径呈变粗趋势。

2. 注射速率对微纳米纤维形态的影响

在步进平移频率为 150Hz，旋转电动机速率为 200r/min 的条件下，选用不同注释推进速率，纺丝原液丝胶蛋白 / 壳聚糖 /PEO 复配比例为 6 ∶ 4 ∶ 10，采用微流控纺丝技术制备出不同注射速率的丝胶蛋白 / 壳聚糖 /PEO 纳米纤维，采用 SEM 测试纤维表面形态，测试结果如图 7-12 所示。

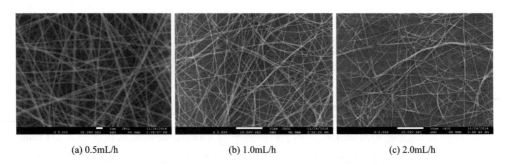

| (a) 0.5mL/h | (b) 1.0mL/h | (c) 2.0mL/h |

图 7-12　不同注射速率下制备的丝胶蛋白 / 壳聚糖 /PEO 纳米纤维扫描电镜图

由图 7-12 可知，在该条件下，采用微流控纺丝技术能够成功制备出丝胶蛋白 / 壳聚糖 /PEO 纳米纤维，且纤维表面光滑，无明显珠节，纤维呈连续性。随着注射速率的降低，纳米纤维直径呈变粗趋势。

（三）温敏性测试分析

1. 温敏性测试

将不同溶质温敏响应性丝胶蛋白 / 壳聚糖 /PEO 皮芯微纳米纤维置于温度为 40℃的热水中，静置 5min，然后观察不同溶质比温敏响应性丝胶蛋白 / 壳聚糖 /PEO 皮芯微纳米纤维温敏性，测试结果如图 7-13 所示。SS/CS-N1、SS/CS-N2、SS/CS-N3、SS/CS-N4 分别代表相变单体 NIPAM 含量为 0.1g、0.5g、1.0g 和 1.5g 时所制得的相变纤维。

由图 7-13 可知，将不同溶质温敏响应性丝胶蛋白 / 壳聚糖 /PEO 皮芯微纳米纤维放置在温度为 45℃水中，静置 5min 后，可以发现，温敏响应性丝胶蛋白 / 壳聚糖 /PEO 皮芯微纳米纤维芯层变白，而纤维皮层仍然呈透明状。说明温敏响应性丝胶蛋白 / 壳聚糖 /PEO 皮芯型微纳米纤维制备成功，纤维能够产生明显的温敏相变现象。随着相变单体含量的增加，微纳米纤维芯层逐渐变厚，皮层逐渐变薄。说明提高相变单体含量，可改变纤维芯层与皮层结构。因此，所加入的芯层单体含量的多少对皮芯微纳米纤维的形态具有很大的影响。

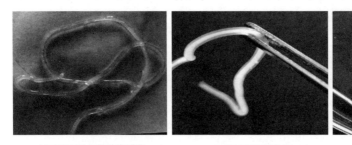

| (a) SS/CS/PEO微纳米纤维 | (b) SS/CS-N1 | (c) SS/CS-N2 |

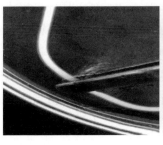

(d) SS/CS-N3　　　　　　　　　　(e) SS/CS-N4

图 7-13　不同溶质比温敏响应性丝胶蛋白 / 壳聚糖 /PEO 皮芯微纳米纤维温敏性图

2. 水接触角测试

采用接触角测量仪测试温度响应性皮芯型微纳米纤维膜接触角，测试结果如图 7-14 所示。

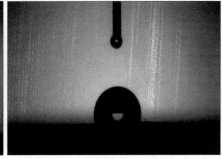

(a) 25℃　　　　　　　　　　(b) 45℃

图 7-14　在 25℃和 45℃条件下，第 7s 时纳米纤维膜的接触角图

由图 7-14 可知，该微纳米纤维膜具有明显的温敏响应性，能够根据外界温度的变化完成亲疏水性转变。当温度为 25℃时，温度响应性皮芯型微纳米纤维膜呈现亲水性，接触角约为 15°呈现亲水性；当继续增加外界温度，当达到 45℃时，温度响应性皮芯型微纳米纤维膜接触角约为 120°，呈现疏水性。由此可知，温度响应性皮芯型微纳米纤维膜具有明显的温敏响应性。

第七节　本章小结

本章介绍了刺激响应性天然纤维材料研究现状、微流控纺丝技术以及壳聚糖天然材料。重点针对温敏响应性丝胶蛋白基皮芯微纳米纤维微流控纺丝技术制备工艺进行深入研究，考察了不同复配比例、注射速率、PNIPAAm 含量等参数对纳米纤维形态及温敏性的影响。具体结论如下：

（1）丝胶蛋白 / 海藻酸钠 /PEO "皮层" 溶液和丝胶蛋白 / 壳聚糖 /PEO "皮层" 溶液，两种皮层溶液黏度值均随着丝胶蛋白含量增加黏度值呈现降低趋势。这可能是因为丝胶蛋白分子量小，丝胶蛋白含量增加，不利于复合溶液中大分子间缠结，因此溶液黏性变小。

（2）采用微流控纺丝技术对不同复配比例、注射速率、PNIPAAm 含量的复配溶液进行纺丝，能够成功制备出形态良好、连续无珠节的纳米纤维。

（3）通过后包覆相变材料的方法可制备出具有温敏响应性的皮芯微纳米纤维，通过温敏性测试可知，纤维具有良好的温敏性，提高外界温度至 45℃，纤维发生相变，且由亲水性转变为疏水性。

参考文献

［1］MA Q，LIANG T，CAO L，et al. Intelligent poly（vinyl alcohol）–chitosan nanoparticles –mulberry extracts films capable of monitoring pH variations［J］. International Journal of Biological Macromolecules，2018，108：576–584.

［2］刘磊. 刺激响应型生物材料在抗癌药物输送和细胞荧光成像中的研究［D］. 武汉：武汉大学，2016.

［3］黄海龙. 刺激响应性高分子水凝胶的制备、研究及其在生物医药和电子器件中的应用［D］. 上海：华东师范大学，2018.

［4］张晨阳，晏亮，谷战军. 基于上转换荧光纳米材料的智能响应药物系统在肿瘤治疗中的应用［J］. 中国科学，2019，49（9）：1179–1191.

［5］XIAO H，CEBE P，WEISS A S，et al. Protein–based composite materials［J］. Materials Today，2012，15（5）：208–215.

［6］SANTINON C，FREITAS E，SILVA M，et al. Modification of valsartan drug release by incorporation into sericin/alginate blend using experimental design methodology［J］. European Polymer Journal，2021，153：110506.

［7］ZHANG Y，LIU J，HUANG L，et al. Design and performance of a sericin–alginate interpenetrating network hydrogel for cell and drug delivery［J］. Scientific Reports，2015，5：12374.

［8］KHAMPIENG，THITIKAN，ARAMWIT，et al. Silk sericin loaded alginate nanoparticles：Preparation and anti-inflammatory efficacy［J］. International Journal of Biological Macromolecules Structure Function & Interactions，2015，80：636-643.

［9］ALTMAN G H，DIAZ F，JAKUBA C，et al. Silk-based biomaterials［J］. Biomaterials，2003，24（3）：401-416.

［10］WANG J，CHEN Y，ZHOU G，et al. Polydopamine-coated antheraea pernyi（A. pernyi）silk fibroin films promote cell adhesion and wound healing in skin tissue repair［J］. ACS Applied Materials & Interfaces，2019，11（38）：34726-34743.

［11］MANDAL B B，KUNDU S C. A novel method for dissolution and stabilization of non-mulberry silk gland protein fibroin using anionic surfactant sodium dodecyl sulfate［J］. Biotechnology and bioengineering，2008，99（6）：1482-1489.

［12］BEHERA S，NASKAR D，SAPRU S，et al. Hydroxyapatite reinforced inherent RGD containing silk fibroin composite scaffolds：Promising platform for bone tissue engineering［J］. Nanomedicine：Nanotechnology，Biology and Medicine，2017，13（5）：1745-1759.

［13］MANDAL B B，KUNDU S C. Osteogenic and adipogenic differentiation of rat bone marrow cells on non-mulberry and mulberry silk gland fibroin 3D scaffolds［J］. BIOMATERIALS -GUILDFORD，2009，30（28）：5019-5030.

［14］YIN S N，YANG S，WANG C F，et al. Magnetic-directed assembly from janus building blocks to multiplex molecular-analogue photonic crystal structures［J］. Journal of the American Chemical Society，2016，138（2）：566-573.

［15］ZHANG Y，WANG C F，CHEN L，et al. Microfluidic-spinning-directed microreactors toward generation of multiple nanocrystals loaded anisotropic fluorescent microfibers［J］. Advanced Functional Materials，2015，25（47）：7253-7262.

［16］HE J X，WANG D，CUI S. Novel hydroxyapatite/tussah silk fibroin/chitosan bone-like nanocomposites［J］. Polym Bull，2012，68：1765-1776.

［17］GUANG S Y，AN Y，KE F Y，et al. Chitosan/silk fibroin composite scaffolds for wound dressing［J］. Appl Polym Sci，2015，132（35）：42503.

［18］LIM S H，HUDSON S M. Application of a fiber-reactive chitosan derivative to cotton fabric as an antimicrobial textile finish［J］. Carbohydr Polym，2004，

56: 227–234.

[19] Majeti N V, Ravi Kumar. A review of chitin and chitosan applications [J].
React Funct Polym, 2000, 46: 1–27.

[20] 黄首伟. 温度敏感性（NIPAAm）类共聚及 IPN 水凝胶的合成与性能的研究
[D]. 北京：北京化工大学，2009.